에듀윌로 합격한
찐! 합격스토리

이○나 합격생

에듀윌 덕분에, 조리기능사 필기가 쉬워졌어요!

저는 실기는 자신 있었는데, 필기가 너무 힘들었어요. 공부할 시간까지 없어서 더 막막했는데 초단기끝장으로 4일 만에 합격했어요! 우선 이 책은 나오는 부분만, 표 위주로 구성되어 있고 테마가 끝난 후에는 바로 문제가 나와서 공부하기 편했어요. 어려운 테마에는 QR코드를 찍으면 나오는 짧은 토막강의가 있는데, 저에게는 이 강의가 정말 도움이 많이 되었어요. 쉽게 외울 수 있는 방법도 알려주시고, 이해가 안 되는 부분은 원리를 잘 설명해 주셔서 토막강의가 있는 테마는 책으로 따로 공부하지 않고 이동하면서 강의만 반복적으로 들었어요. 시험 당일에는 휴대폰으로 모의고사 3회만 계속 보았는데 여기에서 비슷한 문제가 많이 나왔어요! 덕분에 생각지도 못한 고득점으로 합격했네요! 에듀윌에 정말 감사드려요~

이○민 합격생

제과 · 제빵기능사 합격의 지름길, 에듀윌

한 번에, 일주일이라는 단기간에 합격했어요. 시간 여유가 없는 직장인에게는 단기간 합격이 제일 중요하죠! 생소한 단어들도 많고, 양도 많아서 막막했지만 단원마다 정리되어 있는 '핵심 키워드'와 '합격팁'으로 집중적으로 공부할 수 있었습니다. 이해하기 어려운 부분은 에듀윌에서 무료로 제공해 주는 동영상 강의로 해결했어요. 개념 정리뿐만 아니라 기출문제를 통한 복습, 무료특강 그리고 '핵심집중노트'까지, 그 중에 '핵심집중노트'는 시험 보기 전에 꼭 보세요! 핵심집중노트 딱 3번만 정독하시면 무조건 합격이에요. 여러분도 합격의 지름길, 에듀윌로 시작하세요.

김○정 합격생

에듀윌 필기끝장 한 권으로 단기 합격!

조리학과 전공이 아니라서 관련된 지식이 아예 없는 상태였습니다. 제과 · 제빵 학원을 다니면서도 이론이 어렵고 막막했는데, 에듀윌 강의를 보면서 개념을 정리하고 기출문제를 풀면서 틀린 문제는 오답정리하면서 이해할 수 있었습니다. 책 안에 중간 중간에 있는 인생명언으로 긍정적인 에너지를 얻어 공부에 더 집중할 수 있었습니다. 간편하게 들고 다니기 편한 핵심집중노트로 시험보기 직전에 머릿속 내용들을 정리할 수 있어서 좋은 결과로 합격을 했던 것 같습니다. 일을 다니면서 공부 시간이 많이 부족하고 짧았지만 에듀윌 책은 초보 입문자들도 쉽게 이해하기 편하게 정리가 잘되어 있어서 제과 · 제빵기능사 필기를 빠르게 합격할 수 있었습니다. 감사합니다! 제과 · 제빵을 처음 공부하시는 분들께 에듀윌 문제집 강력 추천입니다.^^

다음 합격의 주인공은 당신입니다!

세상을 움직이려면
먼저 나 자신을 움직여야 한다.

– 소크라테스(Socrates)

에듀윌
한식조리기능사

실기

66 실전에 딱 맞춘 교재, 합격을 위한 구성
한 번에 합격하는 조리기능사 실기 99

한 번에 가는 합격으로의 지름길

내가 먹는 음식은 단순히 생명유지만을 위한 것은 아니다. 음식은 하나의 문화이고 역사가 될 수 있는 일이다. 이에 본서를 통해 우리 음식의 우수성과 조리의 원리, 기초 조리 요령 등을 알아 갔으면 한다.

외식산업을 선도하고, 개인과 가족의 건강을 책임지는 사람으로 조리사의 길은 어려운 일이지만 그만큼 보람되고 행복한 일임에 틀림없다.

조리학을 전공하고 수많은 강의 경험과 조리기능사 실기시험을 감독하며 지켜봐 왔던 수험자들이 지닌 다양한 변수를 참고하여 시간분배 요령과 조리기술 등 실전 노하우에 중점을 두어 본서를 집필하였다.

조리기능사 자격증 취득을 위해 노력하는 모든 분들의 쉽고 빠른 이해를 돕고자 하였으니 부디 좋은 결과가 있기를 고대한다. 아울러 자격증 취득뿐 아니라 요리를 통해 많은 사람들과 나눔의 기쁨을 누리길 기대해 본다.

김자경

· 세종대학교 대학원 조리 · 외식경영학과 조리학 박사
· 김자경 외식경영연구소 대표

· 동원대학교 호텔제과제빵과 전임교수
· 조리기능장, 조리기능사 실기 감독위원

전문 조리인을 위한 디딤돌

본서는 한국산업인력공단에서 시행하는 조리기능사 실기시험 공개문제의 출제기준과 요구사항, 채점기준에 입각하여 집필하였다. 또한 조리기능사 자격증 취득을 위해 간결하고, 보다 정확하게 기술하여 시험에 최적화된 교재를 집필하기 위해 정진하였다.

다년간의 경험을 바탕으로 합격에 쉽게 다가갈 수 있도록, 재료 손질법부터 조리과정별 사진과 설명, 조리 TIP을 보다 자세히 서술하였다. 본서를 통해 조리의 가장 기본적인 기초 확립과 기능 습득을 바탕으로 조리기능사 자격증 취득은 물론 자신감과 창의력을 겸비한 조리 학도가 되어, 다양화된 메뉴 개발에까지 이를 수 있을 것이다.

전문성을 요구하는 자격증의 수요가 나날이 증가하고 있다. 본서가 조리기능사로 입문하여 전문 직업인으로 가는 디딤돌이 되길 바란다.

김선희

· 단국대학교 대학원 식품영양정보학과 이학 석사
· 호서대학교 대학원 융합공학과 공학 박사

· 혜전대학교 호텔조리계열 겸임교수
· 조리기능장, 조리기능사, 조리산업기사 실기 감독위원

예비 조리기능사들의 합격의 길잡이

같은 식재료에 같은 조리환경이라도 누가 만들었느냐에 따라 각양각색의 맛과 색, 모양을 가진다. 사람마다 자신만의 방법으로 조리를 하지만 시험에는 정해진 조리방법과 규칙이 있어 아무리 맛있고 보기 좋은 음식 일지라도 시험에 정해진 규칙을 따르지 않으면 채점 대상에서 아예 제외되기도 한다.

본저자는 다년간의 조리기능사 실기시험 감독과 조리교육 경험을 가진 조리기능장으로서 수험생들이 좀 더 정확하고 체계적인 작품을 만들어 낼 수 있도록 본서에 조리과정을 쉽게 정리해 놓았다. 본서가 조리기능사 자격증을 취득하고자 하는 수험생 여러분의 최고의 길잡이가 되어 합격의 꿈을 이룰 수 있길 기원한다.

송은주

- · 경기대학교 대학원 외식조리학과 관광학 박사
- · (사)세종식품연구소 객원연구원
- · 백석문화대학교 외식산업학부 겸임교수, 유한대학교 겸임교수
- · 조리기능장, 조리기능사, 조리산업기사 실기 감독위원

교재활용 TIP

1

시험시간에 따른 구분

출제되는 두 과제는 시험시간에 따라 달라진다. 두 과제의 시험시간 합이 60~70분이 되도록 조합하여 연습하자!

2

조리 TIP

합격의 당락을 결정하고, 조리과정에서 꼭 기억해야 할 조리 TIP을 기억하자!

3

실치수 표시

한식의 핵심은 길이! 과제별 요구사항에 수록된 실치수를 확인하고, 손에 익혀서 한 번에 합격하자!

4

스탠드형 핵심요약집

실습하면서 무거운 책을 찾지 않아도 된다. 핵심요약집을 조리대에 세워놓고 연습하자!

시험
안내

🔔 응시료
- 필기: 14,500원
- 실기: 26,900원

🔔 출제경향
- 요구작업: 지급된 재료를 갖고 요구하는 작품을 시험시간 내에 1인분을 만들어 내는 작업
- 주요 평가내용: 위생상태(개인 및 조리과정), 조리의 기술(기구취급, 동작, 순서, 재료 다듬기 방법), 작품의 평가, 정리정돈 및 청소

🔔 시험장 준비물

위생복, 위생모(또는 머리수건), 앞치마, 가위, 계량스푼, 계량컵, 공기, 국대접, 김발, 랩, 호일, 밀대, 석쇠, 소창(또는 면보), 위생타월, 젓가락, 종이컵, 칼, 프라이팬, 냄비, 쇠조리(혹은 체)팬, 상비의약품

※

위생 복장(위생복, 위생모, 앞치마, 마스크)을 착용하지 않을 경우 실격, 세부기준(흰색, 긴소매, 긴바지 등)을 준수하지 않을 경우 감점 처리됨

🍽 수험자 공통 유의사항

1. 만드는 순서에 유의하며, 위생과 숙련된 기능평가를 위하여 조리작업 시 맛을 보지 않는다.
2. 지정된 수험자지참준비물 이외의 조리기구나 재료를 시험장 내에 지참할 수 없다.
3. 지급재료는 시험 전 확인하여 이상이 있을 경우 시험위원으로부터 조치를 받고 시험 중에는 재료의 교환 및 추가 지급은 하지 않는다.
4. 요구사항 및 지급재료의 규격은 "정도"의 의미를 포함하며, 지급된 재료의 크기에 따라 가감하여 채점한다.
5. 위생복, 위생모, 앞치마, 마스크를 착용하여야 하며, 시험장비·조리도구 취급 등 안전에 유의한다.
6. 다음 사항은 실격에 해당하여 채점대상에서 제외한다.
    - 수험자 본인이 시험 도중 시험에 대한 포기 의사를 표현하는 경우
    - 위생복, 위생모, 앞치마, 마스크를 착용하지 않은 경우
    - 시험시간 내에 과제 두 가지를 제출하지 못한 경우
    - 문제의 요구사항대로 과제의 수량이 만들어지지 않은 경우
    - 완성품을 요구사항의 과제(요리)가 아닌 다른 요리(예 달걀말이→달걀찜)로 만든 경우
    - 불을 사용하여 만든 조리작품이 작품특성에 벗어나는 정도로 타거나 익지 않은 경우
    - 해당 과제의 지급재료 이외의 재료를 사용하거나 요구사항의 조리도구(석쇠 등)로 완성품을 조리하지 않은 경우
    - 지정된 수험자지참준비물 이외의 조리 기술에 영향을 줄 수 있는 기구를 사용한 경우
    - 가스레인지 화구를 2개 이상(2개 포함) 사용한 경우
    - 시험 중 시설·장비(칼, 가스레인지 등) 사용 시 시험위원 및 타수험자의 시험 진행에 위해를 일으킬 것으로 시험위원 전원이 합의하여 판단한 경우
    - 요구사항에 표시된 실격 및 부정행위에 해당하는 경우
7. 항목별 배점은 위생상태 및 안전관리 5점, 조리기술 30점, 작품의 평가 15점이다.
8. 시험시간 전 가벼운 몸 풀기(스트레칭) 동작으로 긴장을 풀고 시험을 시작한다.

🍽 자격증 교부

- 수첩 형태의 자격증 발급
- 신청절차: http://q-net.or.kr에서 발급을 신청한 후, 자격증 수령방법 선택(방문수령/우체국 배송)
- 자격증 발급 수수료: 3,100원
- 문의전화: 1644-8000(월~금, 09:00~18:00)

차례

실기는 시험시간에 따라
출제되는 과제가 달라진다

실습 시 두 과제의 시험시간
합이 60~70분 정도가 되도록
다른 두 PART의 과제를 같이 연습하자!

PART 01 · 시험시간 20분 이하

PART 02 · 시험시간 25분

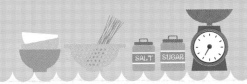

시험시간
20분 이하

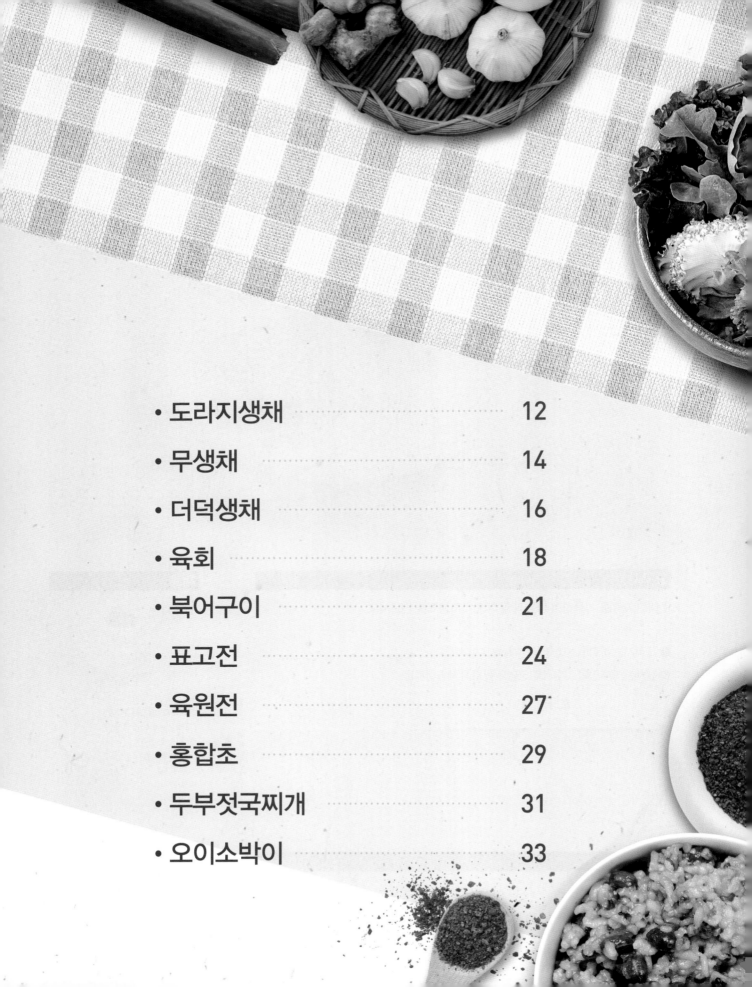

도라지생채

▶ 무료동영상

요구사항

주어진 재료를 사용하여 다음과 같이 도라지생채를 만드시오.

❶ 도라지는 0.3cm × 0.3cm × 6cm로 써시오.

❷ 생채는 고추장과 고춧가루 양념으로 무쳐 제출하시오.

도라지
6cm

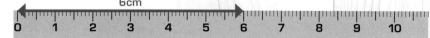

재료

- 통도라지(껍질 있는 것) 3개
- 대파(흰 부분, 4cm) 1토막
- 마늘(중, 깐 것) 1쪽
- 소금(정제염) 5g
- 고추장 20g
- 흰설탕 10g
- 식초 15ml
- 깨소금 5g
- 고춧가루 10g

빈출 조합

- 칠절판 P.102
- 비빔밥 P.105

1

도라지는 껍질을 가로로 돌려뜯기한다.

2

도라지는 0.3cm × 0.3cm × 6cm의 일정한 굵기와 길이로 채 썬다.

3

도라지 채는 소금을 넣고 주무른 후 물 1컵을 넣어 쓴맛을 제거한다.

 소금은 도라지의 쓴맛을 제거하고 조직을 부드 럽게 한다.

4

쓴맛을 제거한 도라지는 물에 씻어 물기를 제거한다.

5

고추장 양념(고추장 1작은술, 고운 고춧가루 1/2작 은술, 설탕 1/2작은술, 식초 1/2작은술, 다진 파, 다 진 마늘, 깨소금)을 만들어 도라지 채를 무친다.

 고춧가루는 고운체에 내려 사용한다.

6

완성 접시에 소복하게 담아낸다.

▶ 무료동영상

무생채

요구사항

주어진 재료를 사용하여 다음과 같이 무생채를 만드시오.

❶ 무는 0.2cm × 0.2cm × 6cm로 썰어 사용하시오.

❷ 생채는 고춧가루를 사용하시오.

❸ 무생채는 70g 이상 제출하시오.

무
6cm

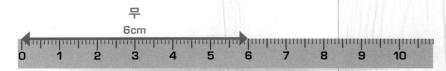

재료

- 무(길이 7cm) 120g
- 대파(흰 부분, 4cm) 1토막
- 마늘(중, 깐 것) 1쪽
- 생강 5g
- 고춧가루 10g
- 흰설탕 10g
- 소금(정제염) 5g
- 식초 5ml
- 깨소금 5g

빈출 조합

- 칠절판 P.102
- 비빔밥 P.105

시험시간 15분

1 파, 마늘, 생강은 곱게 다진다.

2 무는 껍질을 벗긴 후 0.2cm × 0.2cm × 6cm의 일정한 굵기와 길이로 채 썬다.

3 채 썬 무에 고운 고춧가루를 넣어 빨갛게 물들인다.

조리 TIP 고춧가루는 고운체에 내려 사용한다.

4 **3**에 무생채 양념(소금 1/3작은술, 설탕 1/2작은술, 식초 1/2작은술, 다진 파, 다진 마늘, 다진 생강, 깨소금)을 넣고 젓가락으로 살살 무친다.

조리 TIP 제출 직전 양념에 버무려 숨이 죽지 않고 싱싱하게 한다.

5 완성 접시에 70g 이상을 소복하게 담아낸다.

더덕생채

요구사항

주어진 재료를 사용하여 다음과 같이 더덕생채를 만드시오.

❶ 더덕은 5cm로 썰어 두들겨 편 후 찢어서 쓴맛을 제거하여 사용하시오.

❷ 고춧가루로 양념하고, 전량 제출하시오.

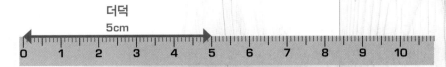

더덕
5cm

재료

· 통더덕(껍질 있는 것, 길이 10~15cm) 2개
· 대파(흰 부분, 4cm) 1토막
· 마늘(중, 깐 것) 1쪽
· 흰설탕 5g
· 식초 5ml
· 소금(정제염) 5g
· 깨소금 5g
· 고춧가루 20g

빈출 조합

· 완자탕 P.70

· 지짐누름적 P.90

1 더덕은 돌려뜯기하여 껍질을 제거하고, 2등분한 후 5cm 길이로 잘라 소금물에 담가 쓴맛을 제거한다.

조리 TIP 지급된 더덕이 두꺼우면 3등분한다.

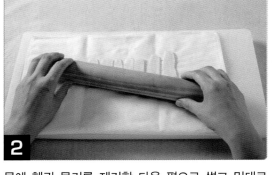

2 물에 헹궈 물기를 제거한 다음 편으로 썰고 밀대로 두드려 편다.

3 손이나 이쑤시개를 이용해 더덕을 곱고 가늘게 찢은 후 키친타월로 수분을 제거한다.

4 고춧가루를 고운체에 내려 더덕 채에 조금씩 섞어 붉고 곱게 물들인다.

5 **4**에 생채 양념(소금 1/3작은술, 식초 1/2작은술, 설탕 1/2작은술, 다진 파, 다진 마늘, 깨소금)을 넣고 버무린다.

조리 TIP 지급 재료에 참기름, 후추가 없으므로 사용 시 오작 처리된다.

6 완성 접시에 소복하게 담아낸다.

육회

▶무료동영상

요구사항

주어진 재료를 사용하여 다음과 같이 육회를 만드시오.

❶ 소고기는 0.3cm × 0.3cm × 6cm로 썰어 소금 양념으로 하시오.

❷ 배는 0.3cm × 0.3cm × 5cm로 변색되지 않게 하여 가장자리에 돌려 담으시오.

❸ 마늘은 편으로 썰어 장식하고 잣가루를 고명으로 얹으시오.

❹ 소고기는 손질하여 전량 사용하시오.

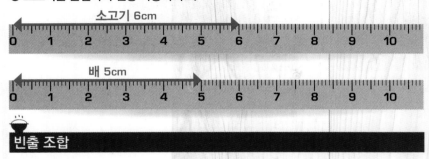

소고기 6cm

0 1 2 3 4 5 6 7 8 9 10

배 5cm

0 1 2 3 4 5 6 7 8 9 10

빈출 조합

• 탕평채 P.84　　　　　• 지짐누름적 P.90

재료

• 소고기(살코기) 90g
• 배(중, 100g) 1/4개
• 잣(깐 것) 5개
• 대파(흰 부분, 4cm) 2토막
• 마늘(중, 깐 것) 3쪽
• 소금(정제염) 5g
• 검은 후춧가루 2g
• 참기름 10ml
• 흰설탕 30g
• 깨소금 5g

1 배는 껍질을 벗긴 후 길이 5cm, 두께 0.3cm로 썰어 설탕물에 담가 놓는다.

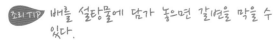
조리 TIP 배를 설탕물에 담가 놓으면 갈변을 막을 수 있다.

2 마늘은 0.2cm 두께의 얇은 편으로 썰고 나머지는 양념용으로 곱게 다진다.

3 소고기는 0.3cm × 0.3cm × 6cm로 채 썬다.

4 **3**에 육회 양념(소금, 설탕, 다진 파, 다진 마늘, 후추, 깨소금, 참기름)을 넣고 버무린다.

5 채 썬 배의 물기를 제거한 후 완성 접시의 가장자리에 돌려 담는다.

6 **5**의 정중앙에 양념한 소고기를 동그란 모양으로 만들어 보기 좋게 담는다.

7

고기 주변으로 마늘 편을 돌려 담는다.

8

고깔을 제거하고 곱게 다진 잣가루를 고기 위에 얹어
낸다.

북어구이

요구사항

주어진 재료를 사용하여 다음과 같이 북어구이를 만드시오.

❶ 구워진 북어의 길이는 5cm로 하시오.

❷ 유장으로 초벌구이하고, 고추장 양념으로 석쇠에 구우시오.

❸ 완성품은 3개를 제출하시오(단, 세로로 잘라 3/6토막 제출할 경우 수량 부족으로 실격 처리).

```
    북어
    5cm
◄━━━━━━━━━━━►
0  1  2  3  4  5  6  7  8  9  10
```

빈출 조합

- 미나리강회 P.81
- 화양적 P.87
- 비빔밥 P.105

재료

- 북어포(반을 갈라 말린 껍질이 있는 것, 40g) 1마리
- 대파(흰 부분, 4cm) 1토막
- 마늘(중, 깐 것) 2쪽
- 진간장 20ml
- 고추장 40g
- 흰설탕 10g
- 깨소금 5g
- 참기름 15ml
- 검은 후춧가루 2g
- 식용유 10ml

1 북어는 찬물에 적셔 불린 후 물기를 제거한다.

2 북어의 머리를 제거하고 지느러미, 잔가시, 뼈를 제거한다.

3 익으면서 오그라들지 않도록 북어에 칼집을 넣는다.

4 손질된 북어를 6cm 정도로 3등분한다.

조리TIP 북어는 익으면서 줄어들기 때문에 1cm 정도 길게 자르되 지급된 북어가 작을 경우 수량을 우선시하여 등분한다.

5 **4**에 유장(간장 1작은술, 참기름 1큰술)을 바른다.

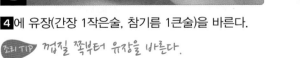
조리TIP 껍질 쪽부터 유장을 바른다.

6 석쇠를 불에 달군 후 키친타월에 식용유를 묻혀 닦아 손질하고 **5**의 북어를 올려 초벌구이(애벌구이)한다.

7 초벌구이한 북어에 고추장 양념(고추장 1큰술, 설탕 1/2큰술, 다진 파, 다진 마늘, 후추, 깨소금, 참기름)을 골고루 발라 재운다.

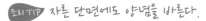 조리TIP 자른 단면에도 양념을 바른다.

8 석쇠를 이용하여 **7**의 북어를 타지 않게 굽는다.

조리TIP 굽는 중간중간 양념을 추가로 바른다.

9 완성 접시에 북어 모양을 살려 가슴, 몸통, 꼬리 순서로 담아낸다.

표고전

요구사항

주어진 재료를 사용하여 다음과 같이 표고전을 만드시오.

❶ 표고버섯과 속은 각각 양념하여 사용하시오.

❷ 표고전은 5개를 제출하시오.

재료

- 건표고버섯(지름 2.5~4cm, 부서지지 않은 것
  을 불려서 지급) 5개
- 소고기(살코기) 30g
- 두부 15g
- 달걀 1개
- 대파(흰 부분, 4cm) 1토막
- 마늘(중, 깐 것) 1쪽
- 밀가루(중력분) 20g
- 검은 후춧가루 1g
- 참기름 5ml
- 깨소금 5g
- 진간장 5ml
- 소금(정제염) 5g
- 식용유 20ml
- 흰설탕 5g

빈출 조합

- 생선양념구이 P.61
- 겨자채 P.78
- 잡채 P.93

조리
과정

1

물에 불린 표고버섯은 물기를 제거하고 기둥을 잘라
낸 후 안쪽에 표고버섯 양념(간장 1작은술, 설탕 1/2
작은술, 참기름 1큰술)으로 밑간을 한다.

2

소고기는 핏물을 제거한 후 곱게 다진다.

3

두부는 면포를 이용하여 물기를 제거한 후 곱게 으깬
다.

4

다진 소고기와 으깬 두부에 소 양념(소금, 설탕, 다진
파, 다진 마늘, 후추, 깨소금, 참기름)을 넣어 치댄다.

5

1의 안쪽에 밀가루를 묻힌다.

6

5에 소를 편평하게 채운다.

 익으면서 소가 부풀어 오르므로 너무 많이 넣지
않는다.

7

달걀 노른자에 흰자 1큰술 정도를 섞어 달걀물을 준비한다. 소를 넣은 면에만 밀가루, 달걀물 순으로 묻힌다.

 표고버섯의 검은 부분은 색을 살리기 위해 밀가루와 달걀물을 묻히지 않는다.

8

팬에 식용유를 두르고 **7**의 표고전을 약불에서 속까지 익히고 겉은 살짝 지진 후 완성 접시에 5개를 담아낸다.

육원전

요구사항

주어진 재료를 사용하여 다음과 같이 육원전을 만드시오.

❶ 육원전은 지름 4cm, 두께 0.7cm가 되도록 하시오.

❷ 달걀은 흰자, 노른자를 혼합하여 사용하시오.

❸ 육원전 6개를 제출하시오.

육원전 지름

빈출 조합

• 오징어볶음 P.64 • 칠절판 P.102

재료

• 소고기(살코기) 70g
• 두부 30g
• 밀가루(중력분) 20g
• 달걀 1개
• 대파(흰 부분, 4cm) 1토막
• 마늘(중, 깐 것) 1쪽
• 검은 후춧가루 2g
• 참기름 5ml
• 소금(정제염) 5g
• 식용유 30ml
• 깨소금 5g
• 흰설탕 5g

1

소고기는 핏물과 기름기를 제거한 후 곱게 다진다.

2

두부는 면포에 싸서 물기를 제거한 후 칼등으로 곱게 으깬다.

3

다진 소고기와 으깬 두부에 소 양념(소금, 설탕, 다진 파, 다진 마늘, 후추, 깨소금, 참기름)을 넣고 끈기가 나도록 치댄다.

4

지름 4.5~5cm, 두께 0.6cm 크기로 완자를 빚어 가운데를 살짝 눌러주고 옆면의 각을 잡는다.

조리TIP 완자는 익으면서 수축하므로 요구사항보다 지름은 크고, 두께는 얇게 만든다.

5

4의 완자에 밀가루, 달걀물을 순서대로 묻혀 팬에 기름을 두르고 약불에서 지져낸다. 이때, 달걀물은 노른자에 흰자 약간과 소금을 넣어 만든다.

조리TIP 기름을 적게 두르고, 약불에서 지져야 색이 나지 않으면서 속까지 익힐 수 있다.

6

완성 접시에 6개를 담아낸다.

홍합초

요구사항

주어진 재료를 사용하여 다음과 같이 홍합초를 만드시오.

❶ 마늘과 생강은 편으로, 파는 2cm로 써시오.

❷ 홍합은 데쳐서 전량 사용하고, 촉촉하게 보이도록 국물을 끼얹어 제출하시오.

❸ 잣가루를 고명으로 얹으시오.

파
2cm

빈출 조합

• 탕평채 P.84

재료

• 생홍합(굵고 싱싱한 것, 껍질 벗긴 것으로 지급) 100g
• 대파(흰 부분, 4cm) 1토막
• 마늘(중, 깐 것) 2쪽
• 생강 15g
• 잣(깐 것) 5개
• 검은 후춧가루 2g
• 참기름 5ml
• 진간장 40ml
• 흰설탕 10g

1 홍합은 이물질과 족사(수염)를 제거하고 체에 밭쳐 놓는다.

2 끓는 물에 홍합을 살짝 데쳐 찬물에 헹궈 놓는다.

조리TIP 홍합을 졸이기 전에 살짝 데치면 질겨지지 않는다.

3 대파는 2cm 길이로, 마늘과 생강은 편으로 썰고, 고깔을 뗀 잣은 곱게 다져 놓는다. 조림장(간장 1~2큰술, 설탕 1큰술, 물 1/4컵)을 계량해 놓는다.

4 조림장을 넣고 끓이다가 끓으면 데친 홍합, 마늘, 생강을 넣고 조림장을 끼얹으며 약불에서 조린다. 국물이 반으로 졸아들면 대파를 넣고 조리다가 후추와 참기름을 넣어 마무리한다.

조리TIP 대파가 너무 무르지 않도록 한다.

5 접시에 조림장 2큰술 정도와 함께 홍합초를 담고 잣가루를 고명으로 얹어 낸다.

두부젓국찌개

▶ 무료동영상

요구사항

주어진 재료를 사용하여 다음과 같이 두부젓국찌개를 만드시오.

❶ 두부는 2cm × 3cm × 1cm로 써시오.

❷ 홍고추는 0.5cm × 3cm, 실파는 3cm 길이로 써시오.

❸ 간은 소금과 새우젓으로 하고, 국물을 맑게 만드시오.

❹ 찌개의 국물은 200ml 이상 제출하시오.

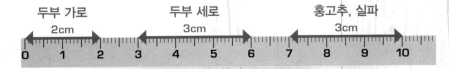

재료

- 두부 100g
- 생굴(껍질 벗긴 것) 30g
- 새우젓 10g
- 홍고추(생) 1/2개
- 실파(1뿌리) 20g
- 마늘(중, 깐 것) 1쪽
- 참기름 5ml
- 소금(정제염) 5g

빈출 조합

- 탕평채 P.84
- 잡채 P.93

1 굴은 껍질을 골라내고 소금물에 흔들어 씻은 후 체에 밭쳐 놓는다.

2 새우젓은 곱게 다진 후 면포에 짜서 새우젓 국물을 준비한다.

 다진 새우젓에 물 1~2큰술을 넣고 맑은 국물만 사용해도 된다.

3 두부는 2cm × 3cm × 1cm로 썰어 찬물에 씻어 놓고 씨를 제거한 홍고추는 0.5cm × 3cm로, 실파는 3cm 길이로 썬다. 손질한 재료들과 함께 마늘도 곱게 다져 준비한다.

4 냄비에 물 2컵과 약간의 소금을 넣고 끓이다 끓어오르면, 두부를 넣고 끓인다. 두부가 반 정도 익으면 굴과 새우젓 국물 2작은술, 다진 마늘 1작은술을 넣고 살짝 끓인다.

 굴이나 새우젓을 넣고 거품이 생기면 거품을 제거해서 맑은 국물로 끓인다.

5 마지막으로 홍고추와 실파, 참기름 약간을 넣고 국물 200ml 이상과 함께 완성 그릇에 담아낸다.

오이소박이

요구사항

주어진 재료를 사용하여 다음과 같이 오이소박이를 만드시오.

❶ 오이는 6cm 길이로 3토막 내시오.

❷ 오이에 3~4갈래 칼집을 넣을 때 양쪽 끝이 1cm 정도 남도록 하고, 절여 사용하시오.

❸ 소를 만들 때 부추는 1cm 길이로 썰고, 새우젓은 다져 사용하시오.

❹ 그릇에 묻은 양념을 이용하여 국물을 만들어 소박이 위에 부어내시오.

오이
6cm

재료

- 오이(가는 것, 20cm 정도) 1개
- 부추 20g
- 새우젓 10g
- 고춧가루 10g
- 대파(흰 부분, 4cm 정도) 1토막
- 마늘(중, 깐 것) 1쪽
- 생강 10g
- 소금(정제염) 50g

빈출 조합

- 겨자채 P.78   - 탕평채 P.84   - 화양적 P.87

1

오이는 소금으로 문질러 흐르는 물에 씻는다.

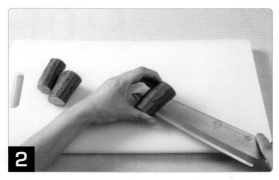

2

오이는 6cm씩 동일한 길이로 3등분한 후 양쪽에 1cm씩 남기고 3갈래 또는 4갈래(열십자 모양)로 칼집을 넣는다.

3

2를 진한 소금물에 절인다.

 조리 TIP 오이를 충분히 절여야 소를 넣을 때 오이가 갈라지지 않으므로 소금을 넉넉히 넣는다.

4

부추는 1cm 길이로 송송 썰고 새우젓, 파, 마늘, 생강은 다진 후 고춧가루 1큰술과 소금 1/2작은술, 물 1큰술 정도를 넣고 함께 고루 버무린다.

5

절여진 오이는 물에 씻어 물기를 제거하고, 젓가락으로 칼집 사이에 소를 채워 넣은 후 가장자리와 표면에 양념을 바른다.

 조리 TIP 손으로 오이의 양 끝을 눌러주고, 조금씩 나눠서 넣으면 좀 더 쉽게 넣을 수 있다.

6

완성 접시에 오이 3개를 담고 남은 소에 물 2큰술과 소금 약간을 넣어 만든 김칫국을 가장자리에 부어 낸다.

에듀윌이
너를
지지할게
ENERGY

당신이 상상할 수 있다면 그것을 이룰 수 있고,
당신이 꿈꿀 수 있다면 그 꿈대로 될 수 있다.

– 윌리엄 아서 워드(William Arthur Ward)

PART 02

시험시간
25분

재료썰기

▶ 무료동영상

요구사항

주어진 재료를 사용하여 다음과 같이 재료썰기를 만드시오.

❶ 무, 오이, 당근, 달걀지단을 썰기하여 전량 제출하시오(단, 재료별 써는 방법이 틀렸을 경우 실격).

❷ 무는 채 썰기, 오이는 돌려깎기하여 채 썰기, 당근은 골패 썰기를 하시오.

❸ 달걀은 흰자와 노른자를 분리하여 알끈과 거품을 제거하고 지단을 부쳐 완자(마름모꼴) 모양으로 각 10개를 썰고, 나머지는 채 썰기를 하시오.

❹ 재료썰기의 크기는 다음과 같이 하시오.
  • 채 썰기: 0.2cm × 0.2cm × 5cm
  • 골패 썰기: 0.2cm × 1.5cm × 5cm
  • 마름모형 썰기: 한 면의 길이가 1.5cm

채 길이, 골패 길이 5cm

재료

• 무 100g
• 오이(길이 25cm) 1/2개
• 당근(길이 6cm) 1토막
• 달걀 3개
• 식용유 20ml
• 소금 10g

빈출 조합

• 미나리강회 P.81

조리과정

달걀은 흰자와 노른자를 분리하여 소금을 넣고 풀어 준 후 체나 면포에 걸러 지단을 부친다.

조리TIP 흰자는 2~3번에 나눠 지단을 부치고, 뒤집을 때 나무젓가락을 이용하면 잘 끊어지지 않는다.

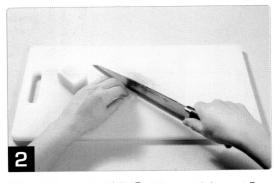

무는 길이 5cm로 자른 후 0.2cm × 0.2cm × 5cm로 일정하게 채 썬다.

오이는 소금으로 문질러 씻은 후 길이 5cm로 자르고 칼을 위아래로 움직이며 돌려깎는다.

돌려깎은 오이는 0.2cm × 0.2cm × 5cm로 일정하게 채 썬다.

조리TIP 오이를 뒤집어 썰면 칼이 밀리지 않고 일정하게 썰린다.

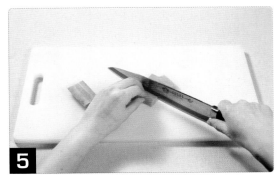

당근은 길이 5cm로 자르고, 폭은 1.5cm로 자른 후 0.2cm 두께의 골패 모양으로 썬다.

조리TIP 길이를 맞춘 후 자르면 크기를 일정하게 썰 수 있다.

황·백지단의 일부는 사방 1.5cm의 마름모꼴로 각각 10개씩 썬다.

7

나머지 황·백지단은 5cm 길이로 자른 후 0.2cm 두께로 일정하게 채 썬다.

8

완성 접시에 전량을 보기 좋게 담아낸다.

생선전

▶무료동영상

요구사항

주어진 재료를 사용하여 다음과 같이 생선전을 만드시오.

❶ 생선은 세장뜨기하여 껍질을 벗겨 포를 뜨시오.

❷ 생선전은 0.5cm × 5cm × 4cm로 만드시오.

❸ 달걀은 흰자, 노른자를 혼합하여 사용하시오.

❹ 생선전은 8개 제출하시오.

생선전 가로	생선전 세로
5cm	4cm

재료

• 동태(400g) 1마리
• 밀가루(중력분) 30g
• 달걀 1개
• 소금(정제염) 10g
• 흰 후춧가루 2g
• 식용유 50ml

빈출 조합

• 두부조림 P.48   • 오징어볶음 P.64   • 미나리강회 P.81

1

동태는 비늘을 제거하고 깨끗이 닦아낸 뒤 가위로 지느러미를 잘라낸다.

2

동태의 머리를 잘라낸다.

3

배를 갈라 내장과 검은 막을 제거한 후 물로 헹구고 물기를 제거한다.

4

세장뜨기를 한다.

 세장뜨기할 때 뼈에 살이 남지 않고, 살이 부서지지 않게 한다.

5

껍질이 바닥에 닿게 놓고, 꼬리는 당기고 칼은 밀면서 껍질을 벗긴다.

 꼬리를 잡는 손에 소금을 조금 묻히면 미끄러지지 않는다.

6

껍질을 벗긴 생선을 0.4cm × 6cm × 5cm로 포를 뜨고 두들겨 두께를 일정하게 하고 소금과 흰 후춧가루로 밑간을 한다.

 생선은 익으면서 길이가 줄어들고, 두께는 두꺼워지므로 완성작의 크기를 고려하여 자른다.

달걀에 소금을 넣어 풀어주고, 포 뜬 동태는 물기를
제거하여 준비한다.

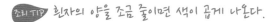 흰자의 양을 조금 줄이면 색이 곱게 나온다.

달궈진 팬에 식용유를 두르고 **6**에 밀가루, 달걀물
순으로 묻혀 안쪽 살부터 팬에 놓고 노릇하게 지진다.

 겉면이 타지 않으면서 생선이 완전히 익
어야 한다.

완성 접시에 8개를 담아낸다.

풋고추전

▶ 무료동영상

요구사항

주어진 재료를 사용하여 다음과 같이 풋고추전을 만드시오.

❶ 풋고추는 5cm 길이로 소를 넣고 지져내시오.

❷ 풋고추는 잘라 데쳐서 사용하며, 완성된 풋고추전은 8개를 제출하시오.

풋고추
5cm

| 0 | 1 | 2 | 3 | 4 | 5 | 6 | 7 | 8 | 9 | 10 |

재료

- 풋고추(길이 11cm 이상) 2개
- 소고기(살코기) 30g
- 두부 15g
- 밀가루(중력분) 15g
- 달걀 1개
- 대파(흰 부분, 4cm) 1토막
- 마늘(중, 깐 것) 1쪽
- 검은 후춧가루 1g
- 참기름 5ml
- 소금(정제염) 5g
- 깨소금 5g
- 식용유 20ml
- 흰설탕 5g

빈출 조합

- 생선찌개 P.72
- 미나리강회 P.81

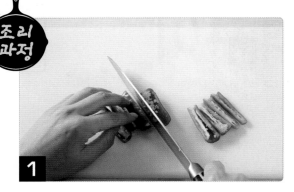

1 풋고추는 5cm 길이로 자른 후 반으로 갈라 씨를 제거한다.

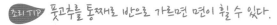
조리TIP 풋고추를 통째로 반으로 가르면 면이 휠 수 있다.

2 끓는 물에 소금을 넣고 풋고추를 살짝 데친 후 찬물에 재빨리 헹군다.

3 소고기는 핏물을 제거한 후 곱게 다지고, 두부는 물기를 꼭 짜고 으깨어 소 양념(소금, 설탕, 다진 파, 다진 마늘, 후추, 깨소금, 참기름)을 넣고 많이 치댄다.

4 달걀 노른자에 흰자 약간과 소금을 넣고 섞어 달걀물을 준비하고 풋고추 안쪽에 밀가루를 묻힌 뒤 털어 놓는다.

5 풋고추에 양념한 소를 편평하게 채우고 밀가루, 달걀물 순으로 묻힌다.

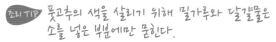
조리TIP 풋고추의 색을 살리기 위해 밀가루와 달걀물은 소를 넣은 부분에만 묻힌다.

6 달궈진 팬에서 약불로 속까지 잘 익히고, 녹색 부분은 잠깐 지져 완성 접시에 8개를 담아낸다.

조리TIP 팬에 놓을 때 손가락으로 눌러 면을 편평하게 만든다.

너비아니구이

요구사항

주어진 재료를 사용하여 다음과 같이 너비아니구이를 만드시오.

❶ 완성된 너비아니는 0.5cm × 5cm × 4cm로 하시오.

❷ 석쇠를 사용하여 굽고, 6쪽 제출하시오.

❸ 잣가루를 고명으로 얹으시오.

너비아니구이 가로   너비아니구이 세로
5cm   4cm

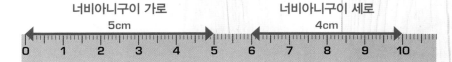

재료

- 소고기(안심 또는 등심, 덩어리로) 100g
- 배(50g) 1/8개
- 잣(깐 것) 5개
- 대파(흰 부분, 4cm) 1토막
- 마늘(중, 깐 것) 2쪽
- 검은 후춧가루 2g
- 흰설탕 10g
- 깨소금 5g
- 진간장 50ml
- 식용유 10ml
- 참기름 10ml

🍚 빈출 조합

- 더덕구이 P.54   • 지짐누름적 P.90

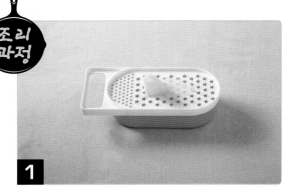

1

배는 껍질을 벗긴 후 강판에 갈고, 면포에 짜서 배즙을 만든다.

2

소고기는 핏물을 제거한 후 결의 반대 방향으로 0.4cm × 6cm × 5cm로 썰고 칼등으로 두들겨 두께를 일정하게 한다.

 고기가 익으면서 길이는 줄어들고 두께는 두꺼워지므로 완성작의 크기를 고려하여 자른다.

3

소고기에 간장 양념(간장 1큰술, 설탕 1/2큰술, 배즙 2큰술, 다진 파, 다진 마늘, 후추, 깨소금, 참기름)을 넣어 재운다.

4

잣은 고깔을 떼고 곱게 다져 놓는다.

5

석쇠에 식용유를 묻혀 달군 후 양념에 재운 고기를 얹어 강불에서 육즙이 빠져나오지 않게 구운 다음 약불에서 앞, 뒤로 익힌다.

 고기의 가장자리를 겹쳐서 구우면 타지 않는다.

6

접시에 6쪽을 담고, 잣가루를 얹어 낸다.

두부조림

요구사항

주어진 재료를 사용하여 다음과 같이 두부조림을 만드시오.

❶ 두부는 3cm × 4.5cm × 0.8cm로 잘라 지져서 사용하시오.

❷ 8쪽을 제출하고, 촉촉하게 보이도록 국물을 약간 끼얹어 내시오.

❸ 실고추와 파채를 고명으로 얹으시오.

두부 가로	두부 세로
3cm	4.5cm

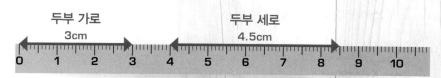

재료

- 두부 200g
- 대파(흰 부분, 4cm) 1토막
- 마늘(중, 깐 것) 1쪽
- 실고추 1g
- 검은 후춧가루 1g
- 참기름 5ml
- 소금(정제염) 5g
- 식용유 30ml
- 진간장 15ml
- 깨소금 5g
- 흰설탕 5g

빈출 조합

- 생선전 P.41
- 생선양념구이 P.61
- 장국죽 P.66
- 화양적 P.87

1 두부는 3cm × 4.5cm × 0.8cm로 썰고 면포에 올려 물기를 제거한 후 소금을 약간 뿌려 둔다.

2 대파는 속을 저며낸 후 2 ～ 3cm로 곱게 채 썰고, 실고추도 2 ～ 3cm 길이로 준비한다.

3 팬에 식용유를 두른 후 물기를 제거한 두부를 앞, 뒤로 노릇하게 지진다.

 색이 전체적으로 고르게 나야 완성 시 색이 좋다.

4 냄비에 두부를 담고 조림장(간장 1큰술, 설탕 1/2큰술, 다진 파, 다진 마늘, 후추, 깨소금, 참기름, 물 1/4컵)을 넣어 끼얹으며 윤기나게 조린다.

5 실고추와 파채를 고명으로 얹고 살짝 뜸 들인다.

 조린 간장색이 짜거나 싱거워 보이지 않아야 한다.

6 완성 접시에 조린 두부 8쪽을 담고 국물 2큰술 정도를 끼얹어 낸다.

에듀윌이
너를
지지할게
ENERGY

사람이 먼 곳을 향하는 생각이 없다면
큰 일을 이루기 어렵다.

– 안중근

PART 03

시험시간
30분

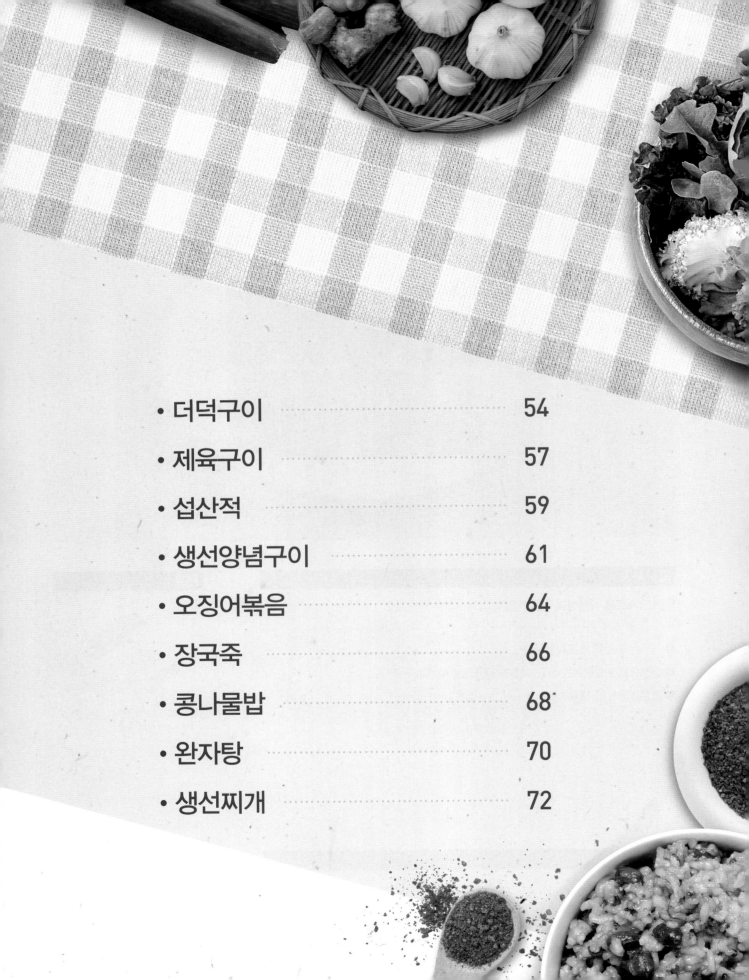

더덕구이

▶ 무료동영상

요구사항

주어진 재료를 사용하여 다음과 같이 더덕구이를 만드시오.

❶ 더덕은 껍질을 벗겨 사용하시오.

❷ 유장으로 초벌구이를 하고, 고추장 양념으로 석쇠에 구우시오.

❸ 완성품은 전량 제출하시오.

재료

- 통더덕(껍질 있는 것, 길이 10~15cm) 3개
- 대파(흰 부분, 4cm) 1토막
- 마늘(중, 깐 것) 1쪽
- 진간장 10ml
- 고추장 30g
- 흰설탕 5g
- 깨소금 5g
- 참기름 10ml
- 소금(정제염) 10g
- 식용유 10ml

빈출 조합

- 너비아니구이 P.46
- 콩나물밥 P.68

1

깨끗이 씻은 더덕은 가로방향으로 돌려깎기하여 껍질을 제거한다.

2

더덕은 길게 반으로 갈라 소금물에 담가둔다.

조리TIP 더덕을 충분히 절인 후 두들겨야 더덕이 부서지지 않는다.

3

절여진 더덕은 물기를 제거한 후 밀대로 밀고, 두들겨서 두께를 조절한다.

조리TIP 지급된 더덕이 긴 경우 잘라서 사용한다.

4

고추장 양념(고추장 1큰술, 설탕 1/2큰술, 다진 파, 다진 마늘, 깨소금, 참기름)을 만든다.

조리TIP 지급재료에 후추가 없으므로 사용 시 오작 처리된다.

5

에 앞, 뒤로 유장(간장 1작은술, 참기름 1큰술)을 바른다.

6

식용유를 바르고 달군 석쇠에 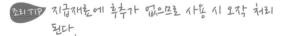의 더덕을 올려 초벌구이한다.

초벌구이한 더덕에 고추장 양념을 골고루 발라 앞, 뒤로 굽는다.

완성 접시에 전량을 담아낸다.

제육구이

요구사항

주어진 재료를 사용하여 다음과 같이 제육구이를 만드시오.

❶ 완성된 제육은 0.4cm × 5cm × 4cm로 하시오.

❷ 고추장 양념하여 석쇠에 구우시오.

❸ 제육구이는 전량 제출하시오.

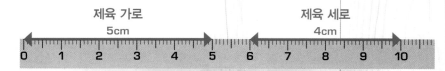

재료

- 돼지고기(등심 또는 볼깃살) 150g
- 대파(흰 부분, 4cm) 1토막
- 마늘(중, 깐 것) 2쪽
- 생강 10g
- 고추장 40g
- 진간장 10ml
- 검은 후춧가루 2g
- 흰설탕 15g
- 깨소금 5g
- 참기름 5ml
- 식용유 10ml

빈출 조합

- 완자탕 P.70

1

돼지고기는 핏물을 제거하고 등분하여 칼등으로 두드리고 칼집을 넣는다.

2

완성 규격인 0.4cm × 5cm × 4cm보다 0.5cm 정도 크게 자른다.

조리TIP 고기가 익으면서 길이는 줄어들고 두께는 두꺼워지므로 완성작의 크기를 고려하여 자른다.

3

고추장 양념(고추장 2큰술, 설탕 1큰술, 다진 파, 다진 마늘, 다진 생강, 후추, 깨소금, 참기름)을 앞, 뒤로 바른다.

4

석쇠에 식용유를 묻혀 달군 후 **3**을 얹어 양념장을 덧바르며 타지 않게 앞, 뒤로 구우며 익힌다.

조리TIP 가장자리를 겹쳐서 구우면 타지 않는다.

5

완성 접시에 전량을 담아낸다.

섭산적

▶무료동영상

요구사항

주어진 재료를 사용하여 다음과 같이 섭산적을 만드시오.

❶ 고기와 두부의 비율을 3:1로 하시오.

❷ 다져서 양념한 소고기는 크게 반대기를 지어 석쇠에 구우시오.

❸ 완성된 섭산적은 0.7cm × 2cm × 2cm로 9개 이상 제출하시오.

❹ 잣가루를 고명으로 얹으시오.

섭산적

2cm

0 1 2 3 4 5 6 7 8 9 10

빈출 조합

• 장국죽 P.66

재료

• 소고기(살코기) 80g
• 두부 30g
• 대파(흰 부분, 4cm) 1토막
• 마늘(중, 깐 것) 1쪽
• 검은 후춧가루 2g
• 잣(깐 것) 10개
• 소금(정제염) 5g
• 흰설탕 10g
• 깨소금 5g
• 참기름 5ml
• 식용유 30ml

1

고기는 핏물을 제거하고 곱게 다진다.

 조리TIP 고기를 곱게 다져야 표면이 매끄러워진다.

2

두부는 면포에 싸서 물기를 제거한 후 칼로 곱게 으깬다.

3

다진 소고기와 으깬 두부에 양념(소금, 설탕, 다진 파, 다진 마늘, 후추, 깨소금, 참기름)을 넣어 치댄 후 0.7cm × 8cm × 8cm가 되도록 반대기를 빚어낸 뒤 잔 칼집을 넣는다.

 조리TIP 모양을 만들 때 비닐을 이용하면 편리하다.

4

달궈진 석쇠에 식용유를 바르고 위에 반대기를 올려 앞, 뒤로 타지 않게 굽는다.

 조리TIP 손잡이에 손을 넣어 간격을 두고 구우면 석쇠에 달라붙지 않고 모양을 유지할 수 있다.

5

섭산적이 식으면 가장자리를 정리한 후 2cm × 2cm 크기로 네모나게 9토막으로 썰어 일정 간격으로 접시에 담고 잣가루를 얹어 낸다.

생선양념구이

▶ 무료동영상

요구사항

주어진 재료를 사용하여 다음과 같이 생선양념구이를 만드시오.

❶ 생선은 머리와 꼬리를 포함하여 통째로 사용하고 내장은 아가미쪽으로 제거하시오.

❷ 칼집 넣은 생선은 유장으로 초벌구이하고 고추장 양념으로 석쇠에 구우시오.

❸ 생선구이는 머리 왼쪽, 배 앞쪽 방향으로 담아내시오.

재료

- 조기(100~120g) 1마리
- 대파(흰 부분, 4cm) 1토막
- 마늘(중, 깐 것) 1쪽
- 진간장 20ml
- 고추장 40g
- 흰설탕 5g
- 깨소금 5g
- 참기름 5ml
- 소금(정제염) 20g
- 검은 후춧가루 2g
- 식용유 10ml

빈출 조합

- 표고전 P.24
- 두부조림 P.48

생선은 비늘을 긁어 제거하고, 배와 등의 지느러미는 가위로 제거한다.

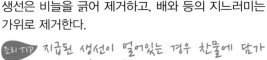

꼬리는 ∨자 모양으로 자른다.

조리TIP 지급된 생선이 얼어있는 경우 찬물에 담가 해동시킨 후 작업한다.

아가미를 제거하고 젓가락을 이용하여 아가미 속의 내장을 제거한 다음 깨끗이 씻어 놓는다.

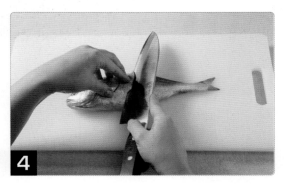

생선의 앞, 뒷면에 2cm 간격으로 3군데에 어슷하게 칼집을 넣는다.

4의 생선에 소금을 뿌려 밑간을 한다.

파, 마늘을 곱게 다진 후 고추장 양념(고추장 1큰술, 설탕 1/2큰술, 다진 파, 다진 마늘, 후추, 깨소금, 참기름)을 만든다.

절여 놓은 생선의 칼집 안까지 유장(간장 1작은술, 참기름 1큰술)을 골고루 바른다.

석쇠에 식용유를 발라 달군 후 **7**의 생선을 올려 앞, 뒤로 초벌구이하며 거의 익혀 준다.

불을 끄고 초벌구이한 생선에 **6**의 고추장 양념을 바른 후 타지 않게 다시 굽는다.

완성 접시에 익힌 생선의 머리는 왼쪽, 배는 앞쪽을 향하게 담아낸다.

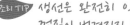 생선은 완전히 익어 물기가 없어야 하고, 껍질이 벗겨지지 않아야 한다.

오징어볶음

▶무료동영상

요구사항

주어진 재료를 사용하여 다음과 같이 오징어볶음을 만드시오.

❶ 오징어는 0.3cm 폭으로 어슷하게 칼집을 넣고, 크기는 4cm × 1.5cm로 써시오(단, 오징어 다리는 4cm 길이로 자른다).

❷ 고추, 파는 어슷썰기, 양파는 폭 1cm로 써시오.

오징어

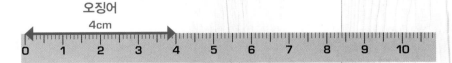

재료

- 물오징어(250g) 1마리
- 풋고추(길이 5cm 이상) 1개
- 홍고추(생) 1개
- 양파(중, 150g) 1/3개
- 대파(흰 부분, 4cm) 1토막
- 마늘(중, 깐 것) 2쪽
- 생강 5g   · 소금(정제염) 5g
- 진간장 10ml   · 흰설탕 20g
- 참기름 10ml   · 깨소금 5g
- 고춧가루 15g   · 고추장 50g
- 검은 후춧가루 2g · 식용유 30ml

빈출 조합

- 육원전 P.27   · 생선전 P.41

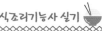

1

홍고추, 풋고추, 대파는 0.5cm 정도 두께로 어슷하게 썬 후 고추는 씨를 제거하고, 양파는 속껍질을 제거하여 1cm 폭으로 자른다.

 대파는 어슷썰기이므로 다지지 않는다.

2

오징어는 배를 갈라 내장을 제거하고 껍질을 벗긴다. 몸통 안쪽에 0.3cm 간격으로 어슷하게 칼집을 넣고, 몸통은 4.5cm × 2cm, 다리는 4 ～ 5cm 길이로 썬다.

 오징어는 익으면서 말리지 않도록 찢어 먹는 방향으로 자르고, 익으면서 줄어들므로 규격보다 크게 자른다.

3

마늘과 생강을 곱게 다져 양념(고추장 2큰술, 고춧가루 1큰술, 설탕 1큰술, 다진 마늘, 다진 생강, 간장, 후추, 깨소금, 참기름, 물 약간)을 만든다.

4

팬에 식용유를 두르고 양파를 살짝 볶다가 홍고추, 대파, 풋고추를 넣어 볶는다.

5

4에 손질한 오징어를 넣고 강불에서 볶다가 오징어 모양이 나면 고추장 양념을 넣어 볶는다. 완성 접시에 모든 재료가 보이도록 전량을 담아낸다.

장국죽

요구사항

주어진 재료를 사용하여 다음과 같이 장국죽을 만드시오.

❶ 불린 쌀을 반 정도로 싸라기를 만들어 죽을 쑤시오.

❷ 소고기는 다지고 불린 표고는 3cm의 길이로 채 써시오.

표고버섯

3cm

재료

- 쌀(30분 정도 물에 불린 쌀) 100g
- 소고기(살코기) 20g
- 건표고버섯(지름 5cm, 물에 불린 것, 부서지지
  않은 것) 1개
- 대파(흰 부분, 4cm) 1토막
- 마늘(중, 깐 것) 1쪽
- 진간장 10ml
- 국간장 10ml
- 깨소금 5g
- 검은 후춧가루 1g
- 참기름 10ml

빈출 조합

- 두부조림 P.48
- 섭산적 P.59

1 쌀은 물에 불린 후 체에 받쳐 물기를 뺀다.

2 비닐에 넣고 반 톨이 되도록 밀대로 밀어 싸라기를 만든다.

조리TIP 싸라기 만드는 방법으로는 절구에 빻거나 칼로 다지는 방법도 있다.

3 불린 표고버섯은 얇게 포 뜬 후 3cm 길이로 채 썰어 양념(진간장, 참기름)하고, 소고기는 곱게 다져 양념(진간장 1작은술, 다진 파, 다진 마늘, 후추, 깨소금, 참기름)한다.

4 참기름을 두른 냄비에 양념한 소고기를 볶다가 표고버섯을 볶은 다음 싸라기를 만들어 놓은 쌀을 넣고 충분히 볶아준다.

5 쌀 분량의 6배(3컵)의 물을 넣고 강불에서 끓이다가 중불에서 가끔 저어주며 쌀알이 퍼질 때까지 끓이고, 쌀알이 퍼지면 국간장으로 색을 맞춘다.

조리TIP 간은 가장 마지막에 맞춰야 죽이 삭지 않으며, 소금이 지급되지 않음에 주의한다.

6 쌀이 충분히 퍼지도록 시간에 유의하여 완성한다.

콩나물밥

▶ 무료동영상

요구사항

주어진 재료를 사용하여 다음과 같이 콩나물밥을 만드시오.

❶ 콩나물은 꼬리를 다듬고 소고기는 채 썰어 간장 양념을 하시오.

❷ 밥을 지어 전량 제출하시오.

재료

- 쌀(30분 정도 물에 불린 쌀) 150g
- 콩나물 60g
- 소고기(살코기) 30g
- 대파(흰 부분, 4cm) 1/2토막
- 마늘(중, 깐 것) 1쪽
- 진간장 5ml
- 참기름 5ml

빈출 조합

- 더덕구이 P.54

1

물에 불린 쌀은 체에 밭쳐 물기를 제거한다.

2

콩나물은 꼬리 부분을 다듬고 물에 씻는다.

조리 TIP 콩나물을 다듬을 때 폐기량이 많지 않도록 한다.

3

소고기는 채 썰어 양념(간장 1작은술, 다진 파, 다진 마늘, 참기름)한다.

조리 TIP 설탕, 후추, 깨소금이 지급되지 않음에 주의 한다.

4

냄비에 쌀을 넣고 그 위로 콩나물과 양념한 소고기를 잘 펴서 올리고 쌀과 동일한 양의 물을 넣는다.

조리 TIP 쌀과 물의 비율은 1:1로 한다.

5

뚜껑을 덮은 채로 끓이고, 끓기 시작하면 약불로 줄여 8~10분 정도 익힌 후 불을 끄고 뜸을 들인다. 밥알이 뭉그러지지 않도록 살살 섞어준다.

조리 TIP 밥을 할 때 뚜껑을 자주 열면 비린내가 날 수 있다.

6

콩나물과 소고기가 잘 보이도록 완성 그릇에 담아낸다.

완자탕

▶무료동영상

요구사항

주어진 재료를 사용하여 다음과 같이 완자탕을 만드시오.

❶ 완자는 지름 3cm로 6개를 만들고, 국물의 양은 200ml 이상 제출하시오.

❷ 달걀은 지단과 완자용으로 사용하시오.

❸ 고명으로 황·백지단(마름모꼴)을 각 2개씩 띄우시오.

완자 지름

3cm

0 1 2 3 4 5 6 7 8 9 10

빈출 조합

• 더덕생채 P.16 • 제육구이 P.57

재료

• 소고기(살코기) 50g
• 소고기(사태 부위) 20g
• 달걀 1개
• 두부 15g
• 대파(흰 부분, 4cm) 1/2토막
• 마늘(중, 깐 것) 2쪽
• 키친타월(종이, 주방용 소 18×20cm) 1장
• 밀가루(중력분) 10g   • 식용유 20ml
• 소금(정제염) 10g   • 검은 후춧가루 2g
• 국간장 5ml   • 참기름 5ml
• 깨소금 5g   • 흰설탕 5g

물 2.5컵에 소고기(사태 부위) 20g과 파, 마늘을 넣고 끓인 후 면포에 내려 국간장으로 색을 내고, 소금으로 간을 한다.

소고기(살코기)는 곱게 다지고, 두부는 으깬 후 완자 양념(소금, 설탕, 다진 파, 다진 마늘, 후추, 깨소금, 참기름)을 넣고 치댄다.

고명으로 사용할 황·백지단은 달걀물의 1큰술씩만 부치고 마름모꼴로 자른다.

지름 3cm 정도의 완자 6개를 만든 뒤 밀가루를 묻혀 털고 달걀물을 묻히고, 식용유를 두른 팬에 중불에서 굴려가며 익힌다.

1의 육수가 끓으면 완자를 넣고 끓인다.

그릇에 완자 6개와 국물 200ml(1컵) 이상을 담고 황·백지단을 2개씩 얹어 낸다.

생선찌개

▶ 무료동영상

요구사항

주어진 재료를 사용하여 다음과 같이 생선찌개를 만드시오.

❶ 생선은 4~5cm의 토막으로 자르시오.

❷ 무, 두부는 2.5cm × 3.5cm × 0.8cm로 써시오.

❸ 호박은 0.5cm 반달형, 고추는 통어슷썰기, 쑥갓과 파는 4cm로 써시오.

❹ 고추장, 고춧가루를 사용하여 만드시오.

❺ 각 재료는 익는 순서에 따라 조리하고, 생선살이 부서지지 않도록 하시오.

❻ 생선머리를 포함하여 전량 제출하시오.

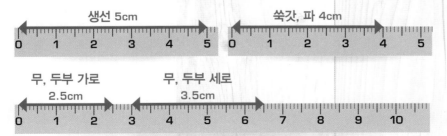

생선 5cm · 쑥갓, 파 4cm

무, 두부 가로 2.5cm · 무, 두부 세로 3.5cm

재료

- 동태(300g) 1마리
- 무 60g
- 애호박 30g
- 두부 60g
- 홍고추(생) 1개
- 풋고추(길이 5cm 이상) 1개
- 마늘(중, 깐 것) 2쪽
- 쑥갓 10g
- 생강 10g
- 실파(2뿌리) 40g
- 고추장 30g
- 소금(정제염) 10g
- 고춧가루 10g

빈출 조합

- 풋고추전 P.44

1

실파와 쑥갓은 4cm로 자르고, 쑥갓은 찬물에 담가
놓는다.

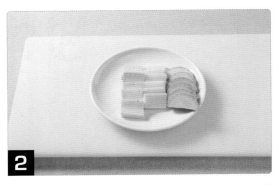

2

무와 두부는 2.5cm × 3.5cm × 0.8cm로 자르고, 애
호박은 0.5cm 두께의 반달형으로 썬다.

3

풋고추와 홍고추는 통어슷썰기하고 씨를 제거한다.

 물속에서 씨를 제거하면 동시에 고추의 안쪽
도 씻어낼 수 있어 시간이 절약된다.

4

동태는 비늘을 제거하고 가위를 이용해 지느러미를
제거한다.

5

머리를 자른 후 몸통이 4~5cm 정도가 되도록 일정
하게 토막낸다.

6

머리의 불순물과 내장을 제거하고, 주둥이는 조금 자
른다.

물 3컵에 고추장 1큰술을 풀고 소금 1/2작은술을 넣는다. 무와 생선을 넣고 끓이다가 고춧가루 2작은술, 다진 마늘, 다진 생강을 넣고 끓인다.

생선이 반쯤 익으면 애호박과 두부를 넣어 익힌다.

거품을 걷어가며 끓인다.

 물을 떠놓고 거품을 제거한 숟가락을 헹구어 가며 거품을 제거한다.

재료가 다 익어갈 때쯤 풋고추, 홍고추, 실파를 넣고 소금으로 간을 맞춘 후 불을 끈다.

 대파가 지급되지 않음에 주의한다.

완성 그릇에 담은 후 가운데 국물에 적신 쑥갓을 올려 낸다.

 쑥갓이 살짝 익어야 한다.

어제의 비 때문에
오늘까지 젖어있지 말고,
내일의 비 때문에
오늘부터 우산을 펴지 마라.

– 이수경, 『낯선 것들과 마주하기』, 한울

시험시간
35분

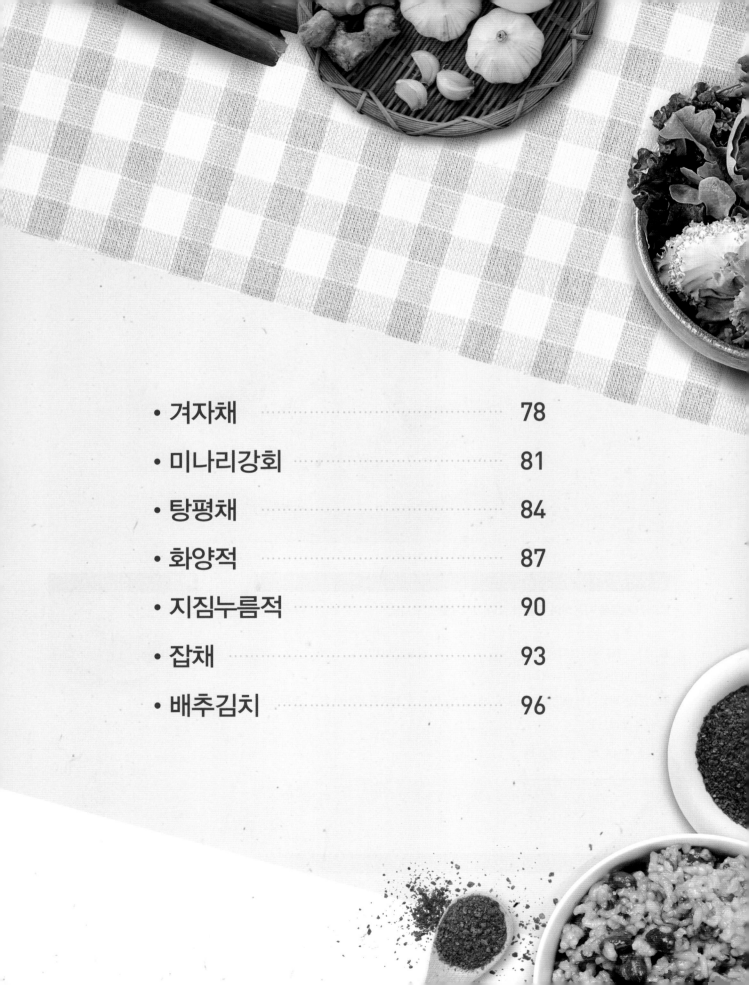

겨자채

▶ 무료동영상

요구사항

주어진 재료를 사용하여 다음과 같이 겨자채를 만드시오.

❶ 채소, 편육, 황 · 백지단, 배는 0.3cm × 1cm × 4cm로 써시오.

❷ 밤은 모양대로 납작하게 써시오.

❸ 겨자는 발효시켜 매운맛이 나도록 하여 간을 맞춘 후 재료를 무쳐서 담고, 잣은 고명으로 올리시오.

채소, 편육, 황 · 백지단, 배

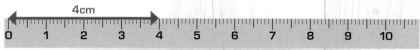

재료

- 양배추(길이 5cm) 50g
- 오이(가늘고 곧은 것, 20cm) 1/3개
- 당근(길이 7cm, 곧은 것) 50g
- 소고기(살코기, 길이 5cm) 50g
- 밤(중, 생 것, 껍질 깐 것) 2개
- 배(중, 길이로 등분, 50g) 1/8개
- 달걀 1개 · 잣(깐 것) 5개
- 흰설탕 20g · 소금(정제염) 5g
- 식초 10ml · 진간장 5ml
- 겨자가루 6g · 식용유 10ml

빈출 조합

- 표고전 P.24

조리
과정

1 고기는 핏물을 제거하고, 끓는 물에 덩어리째 삶아 식힌 후 0.3cm × 1cm × 4cm로 썬다.

 고기는 식은 후 썰어야 부서지지 않는다.

2 겨자가루는 미지근한 물에 개어 고기를 삶는 냄비 뚜껑 위에 뒤집어 놓고 발효시킨다.

 겨자는 매운 냄새가 날 때까지 충분히 발효시킨다.

3 양배추, 오이, 당근, 황·백지단은 0.3cm × 1cm × 4cm로 썰고, 채소는 찬물에 담가둔다.

4 배는 0.3cm × 1cm × 4cm로 썰고, 밤은 모양대로 납작하게 썰어 설탕물에 담가 놓는다.

5 발효시킨 겨자 1큰술에 설탕 1큰술, 소금을 넣어 치댄 후 식초 1큰술, 간장 2방울을 넣어 치댄다.

6 겨자소스는 체에 내려 뭉친 것이 없게 한다.

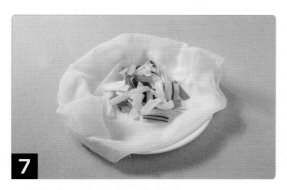

7

준비한 재료들은 물기를 제거한다.

8

재료들을 겨자소스에 버무린 후 완성 접시에 모든 재료가 보이도록 담고, 고명으로 고깔을 제거한 통잣을 얹어 낸다.

 밤과 배는 버무리면서 부서질 수 있으므로 나중에 넣는다.

미나리강회

▶ 무료동영상

요구사항

주어진 재료를 사용하여 다음과 같이 미나리강회를 만드시오.

❶ 강회의 폭은 1.5cm, 길이는 5cm로 만드시오.

❷ 붉은 고추의 폭은 0.5cm, 길이는 4cm로 만드시오.

❸ 달걀은 황·백지단으로 사용하시오.

❹ 강회는 8개를 만들어 초고추장과 함께 제출하시오.

강회
5cm

홍고추
4cm

재료

· 소고기(살코기, 길이 7cm) 80g
· 미나리(줄기 부분) 30g
· 홍고추(생) 1개
· 달걀 2개
· 고추장 15g
· 식초 5ml
· 환설탕 5g
· 소금(정제염) 5g
· 식용유 10ml

빈출 조합

· 북어구이 P.21　　· 재료썰기 P.38　　· 생선전 P.41　　· 풋고추전 P.44

끓는 물에 소금을 넣고 잎을 제거한 미나리 줄기를 살짝 데쳐 찬물로 헹군다. 물기를 제거한 후 세로로 반을 가르고 20cm 정도 길이로 자른다.

소고기는 핏물을 제거한 후 끓는 물에 삶아 편육을 준비한다.

홍고추는 4cm로 자르고 반을 갈라 씨를 제거한다.

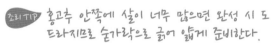
조리 TIP 홍고추 안쪽에 살이 너무 많으면 완성 시 도 드라지므로 숟가락으로 긁어 얇게 준비한다.

3의 홍고추는 0.5cm 폭으로 8개 썰어 놓는다.

달걀은 황·백으로 나누어 소금을 넣고 잘 풀어준 후 지단을 부친다.

지단은 길이 5cm, 폭 1.5cm로 8개 썰어 놓는다.

조리 TIP 뜨거울 때 썰면 지단이 부서질 수 있으므로 살짝 식힌 후 자른다.

7 소고기 편육은 길이 5cm, 폭 1.5cm로 8개 썰어 놓는다.

 소고기는 뜨거울 때 썰면 부서지므로 식힌 후 자른다.

8 소고기 편육, 백지단, 황지단, 홍고추 순서로 포개어 모양을 잡는다.

9 중간 지점에 데친 미나리를 3~4번 정도 돌돌 말아준 후 1.5cm 정도 여분을 남기고 잘라 미나리 뒷부분을 편육과 백지단 사이에 집어넣어 마무리한다.

10 초고추장(고추장 1작은술, 설탕 1/2작은술, 식초 1작은술, 물 약간)을 만든다.

11 완성 접시에 미나리강회 8개를 담고 초고추장을 곁들여 낸다.

탕평채

▶ 무료동영상

요구사항

주어진 재료를 사용하여 다음과 같이 탕평채를 만드시오.

❶ 청포묵은 0.4cm × 0.4cm × 6cm로 썰어 데쳐서 사용하시오.

❷ 모든 부재료의 길이는 4~5cm로 써시오.

❸ 소고기, 미나리, 거두절미한 숙주는 각각 조리하여 청포묵과 함께 초간장으로 무쳐 담아내시오.

❹ 황·백지단은 4cm 길이로 채 썰고, 김은 구워 부수어 고명으로 얹으시오.

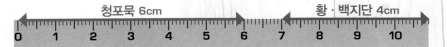

청포묵 6cm   황·백지단 4cm

재료

- 청포묵(중, 길이 6cm) 150g
- 소고기(살코기, 길이 5cm) 20g
- 숙주(생것) 20g
- 미나리(줄기 부분) 10g
- 달걀 1개
- 김 1/4장
- 대파(흰 부분, 4cm) 1토막
- 마늘(중, 깐 것) 2쪽
- 진간장 20ml   · 검은 후춧가루 1g
- 참기름 5ml   · 흰설탕 5g
- 깨소금 5g   · 식초 5ml
- 식용유 10ml   · 소금(정제염) 5g

빈출 조합

- 더덕생채 P.16   · 육회 P.18   · 두부젓국찌개 P.31

1

청포묵은 0.4cm × 0.4cm × 6cm의 일정한 굵기와 길이로 썬다.

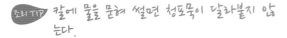

조리TIP 칼에 물을 묻혀 썰면 청포묵이 달라붙지 않는다.

2

숙주는 거두절미하고, 끓는 물에 살짝 데쳐 찬물에 헹군 후 소금과 참기름으로 밑간을 한다.

3

끓는 물에 청포묵을 데친 후 체에 받쳐 물기를 제거하고 소금과 참기름으로 밑간을 한다.

4

끓는 물에 소금을 넣고 미나리 줄기를 살짝 데쳐 찬물로 헹군 후 물기를 제거하고 굵은 줄기는 세로로 반을 갈라 4 ～ 5cm 정도로 자른다.

5

소고기는 채 썰어 양념(간장 1작은술, 설탕 1/2작은술, 다진 파, 다진 마늘, 후추, 깨소금, 참기름)한다.

6

달군 팬에 김을 구운 후 부수어 놓는다.

7

달걀은 황·백으로 나누어 소금을 넣고 잘 풀어준 후 지단을 부쳐 4cm로 채 썬다.

8

달군 팬에 식용유를 약간 두르고 양념한 소고기를 볶아 식힌다.

9

초간장(간장 1작은술, 설탕 1/2작은술, 식초 1/2작은술)과 함께 청포묵, 숙주, 미나리, 소고기, 황·백지단을 준비한다.

10

청포묵, 숙주, 미나리, 소고기에 초간장을 넣고 버무린다.

11

접시에 10을 담고 김과 황·백지단을 고명으로 얹어낸다.

화양적

요구사항

주어진 재료를 사용하여 다음과 같이 화양적을 만드시오.

❶ 화양적은 0.6cm × 6cm × 6cm로 만드시오.

❷ 달걀 노른자로 지단을 만들어 사용하시오(단, 달걀 흰자지단을 사용하는 경우 실격
처리).

❸ 화양적은 2꼬치를 만들고 잣가루를 고명으로 얹으시오.

화양적 가로, 세로

6cm

0 1 2 3 4 5 6 7 8 9 10

빈출 조합

• 북어구이 P.21   • 두부조림 P.48

재료

• 소고기(살코기, 길이 7cm) 50g
• 건표고버섯(지름 5cm, 물에 불린 것, 부서지지
  않은 것) 1개
• 당근(길이 7cm, 곧은 것) 50g
• 오이(가늘고 곧은 것, 20cm 정도) 1/2개
• 통도라지(껍질 있는 것, 길이 20cm) 1개
• 대파(흰 부분, 4cm) 1토막
• 마늘(중, 깐 것) 1쪽   • 달걀 2개
• 진간장 5ml   • 소금(정제염) 5g
• 흰설탕 5g   • 깨소금 5g
• 참기름 5ml   • 검은 후춧가루 2g
• 잣(깐 것) 10개   • 식용유 30ml
• 산적꼬치(길이 8~9cm) 2개

1

도라지는 껍질을 가로로 돌려뜯기한다.

2

도라지, 오이, 당근, 표고버섯은 0.6cm × 1cm × 6cm로 자르고 도라지와 오이는 소금물에 절인다.

3

소고기는 2등분하여 칼등으로 두드리고 칼집을 넣은 후 0.5cm × 1cm × 7cm로 자른다.

조리TIP 고기는 익으면 길이가 줄어들고 두께는 두꺼워
지므로 완성작의 크기를 고려하여 자른다.

4

표고버섯과 소고기는 간장 양념(간장 1작은술, 설탕 1/2작은술, 다진 파, 다진 마늘, 후추, 깨소금, 참기름)에 재운다.

5

도라지와 당근은 끓는 물에 소금을 넣어 데친 후 물기를 제거한다.

6

수분기를 제거한 도라지, 당근, 오이와 양념한 표고버섯과 소고기를 각각 볶고, 달걀은 노른자만 사용하여 황지단을 부쳐 0.6cm × 1cm × 6cm로 자른다.

7 꼬치에 재료를 색 맞추어 끼운다.

8 꼬치의 양 끝을 1cm만 남기고 자른다.

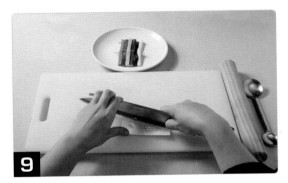

9 잣은 고깔을 제거하고 곱게 다진다.

10 접시에 꼬치를 담고 잣가루를 올려 얹어 낸다.

지짐누름적

▶ 무료동영상

요구사항

주어진 재료를 사용하여 다음과 같이 지짐누름적을 만드시오.

❶ 각 재료는 0.6cm × 6cm × 1cm로 하시오.

❷ 누름적의 수량은 2개를 제출하고, 꼬치는 빼서 제출하시오.

각 재료 가로

6cm

재료

- 소고기(살코기, 길이 7cm) 50g
- 건표고버섯(지름 5cm, 물에 불린 것, 부서지지 않은 것) 1개
- 통도라지(껍질 있는 것, 길이 20cm) 1개
- 당근(길이 7cm 정도, 곧은 것) 50g
- 대파(흰 부분, 4cm) 1토막
- 쪽파(중) 2뿌리 · 마늘(중, 깐 것) 1쪽
- 달걀 1개 · 밀가루(중력분) 20g
- 식용유 30ml · 소금(정제염) 5g
- 진간장 10ml · 흰설탕 5g
- 검은 후춧가루 2g · 깨소금 5g
- 참기름 5ml
- 산적꼬치(길이 8~9cm) 2개

빈출 조합

- 더덕생채 P.16
- 육회 P.18
- 너비아니구이 P.46

조리
과정

1

껍질을 벗긴 도라지와 당근은 0.6cm × 6cm × 1cm
로 썰어 끓는 물에 소금을 넣어 데친 후 찬물에 헹궈
물기를 제거한다.

2

불린 표고버섯은 기둥을 떼고 0.6cm × 6cm × 1cm
로, 소고기는 0.4cm × 7cm × 1cm로 썰어서 칼집
을 넣은 후 각각 양념(간장 1/2작은술, 설탕 1/2작은
술, 다진 파, 다진 마늘, 후추, 깨소금, 참기름)한다.
쪽파는 6cm로 잘라 소금, 참기름으로 양념한다.

3

팬에서 도라지, 당근, 표고버섯 순으로 볶아 놓는다.

4

소고기를 볶아 놓는다.

조리TIP 고기를 익힐 때 젓가락으로 잡아 모양을 만들
어 준다.

5

산적꼬치에 식용유를 조금 발라 재료가 잘 끼워지게
한다.

6

꼬치에 재료를 색 맞추어 끼우고 길이를 맞추어 자른
후 밀가루, 달걀물 순으로 묻힌다.

조리TIP 꼬치를 뺄 때 재료가 떨어지지 않도록 밀
가루와 달걀물을 넉넉하게 묻힌다.

달궈진 팬에 아랫부분부터 색이 나지 않게 지진다.

조리 TIP 고기가 완전히 익을 때까지 지진다.

살짝 식힌 후 꼬치를 돌려가면서 뺀다.

나중에 익힌 부분이 위로 보이도록 완성 접시에 담아
낸다.

잡채

▶ 무료동영상

요구사항

주어진 재료를 사용하여 다음과 같이 잡채를 만드시오.

❶ 소고기, 양파, 오이, 당근, 도라지, 표고버섯은 0.3cm × 0.3cm × 6cm로 썰어 사용하시오.

❷ 숙주는 데치고 목이버섯은 찢어서 사용하시오.

❸ 당면은 삶아서 유장처리하여 볶으시오.

❹ 황·백지단은 0.2cm × 0.2cm × 4cm로 썰어 고명으로 얹으시오.

소고기, 양파, 오이, 당근, 도라지, 표고버섯   황·백지단

빈출 조합

• 표고전 P.24   • 두부젓국찌개 P.31

재료

- 당면 20g
- 소고기(살코기, 길이 7cm) 30g
- 건표고버섯(지름 5cm, 물에 불린 것, 부서지지 않은 것) 1개
- 건목이버섯(지름 5cm, 물에 불린 것) 2개
- 당근(길이 7cm, 곧은 것) 50g
- 양파(중, 150g) 1/3개
- 오이(가늘고 곧은 것, 20cm) 1/3개
- 통도라지(껍질 있는 것, 길이 20cm) 1개
- 숙주(생 것) 20g
- 달걀 1개
- 대파(흰 부분, 4cm) 1토막
- 마늘(중, 깐 것) 2쪽
- 흰설탕 10g
- 진간장 20ml
- 식용유 50ml
- 깨소금 5g
- 검은 후춧가루 1g
- 참기름 5ml
- 소금(정제염) 15g

숙주는 거두절미하여 끓는 물에 살짝 데치고 찬물에 헹군다.

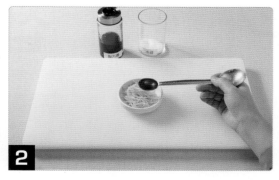

데친 숙주는 물기를 제거하고 소금과 참기름으로 밑간을 한다.

핏물을 제거한 소고기와 불린 표고버섯은 0.3cm × 0.3cm × 6cm로 채 썰어 양념(간장 1작은술, 설탕 1/2작은술, 다진 파, 다진 마늘, 후추, 깨소금, 참기름)에 재워둔다.

목이버섯은 따뜻한 물에 불려 작게 찢고 **3**의 양념에 무쳐둔다.

도라지는 가로로 돌려뜯기한다.

5의 도라지를 0.3cm × 0.3cm × 6cm로 채 썰어 소금을 넣고 주물러 쓴맛을 제거한 후 헹궈 면포로 물기를 제거한다.

7 달걀은 황·백으로 나누어 소금을 약간 넣고 잘 풀어 준 후 지단을 부쳐 0.2cm × 0.2cm × 4cm로 채 썬다.

8 오이와 당근은 0.3cm × 0.3cm × 6cm로 채 썰어 각각 소금에 절인 후 물기를 제거하고, 양파는 6cm 길이로 채 썬 후 각각 재료를 볶아 식혀 놓는다.

 조리TIP 양파, 도라지, 오이, 당근, 표고버섯, 목이버섯, 소고기 순으로 볶는다.

9 당면은 넉넉한 물에 삶고 찬물에 헹군 후 물기를 제거하여 준비한다.

10 당면을 가위로 자른 후 간장 2작은술, 설탕 1작은술, 참기름을 넣고 팬에 볶는다.

11 모든 재료에 깨소금, 참기름을 넣어 버무린 후 접시에 보기 좋게 담고 황·백지단을 고명으로 얹어 낸다.

배추김치

요구사항

주어진 재료를 사용하여 다음과 같이 배추김치를 만드시오.

❶ 배추는 씻어 물기를 빼시오.

❷ 찹쌀가루로 찹쌀풀을 쑤어 식혀 사용하시오.

❸ 무는 0.3cm × 0.3cm × 5cm 크기로 채 썰어 고춧가루로 버무려 색을 들이시오.

❹ 실파, 갓, 미나리, 대파(채썰기)는 4cm로 썰고, 마늘, 생강, 새우젓은 다져 사용하시오.

❺ 소의 재료를 양념하여 버무려 사용하시오.

❻ 소를 배춧잎 사이사이에 고르게 채워 반을 접어 바깥잎으로 전체를 싸서 담아내시오.

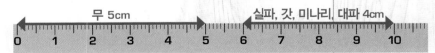

무 5cm   실파, 갓, 미나리, 대파 4cm

빈출 조합

• 두부젓국찌개 P.31

재료

• 절인배추(500~600g 정도 지급) 1/4포기
• 무(길이 5cm 이상) 100g
• 실파(1~2뿌리) 20g ※ 쪽파 대체 가능
• 갓 20g ※ 적겨자 대체 가능
• 미나리(줄기 부분) 10g
• 찹쌀가루(건식가루) 10g
• 새우젓 20g
• 멸치액젓 10mL
• 대파(흰부분 4cm) 1토막
• 마늘(중, 깐 것) 2쪽
• 생강 10g
• 고춧가루 50g
• 소금(재제염) 10g
• 흰설탕 10g

1 절인 배추는 씻어 물기를 빼고 냄비에 찹쌀가루 2큰술, 물 1컵을 넣어 잘 풀어 저어가며 끓여 농도가 나면 식혀 준비한다.

2 무는 0.3cm × 0.3cm × 5cm로 채 썰어 고춧가루 1큰술을 넣어 버무려 고춧가루 물을 들인다.

3 마늘, 생강, 새우젓은 곱게 다지고 갓, 미나리, 대파, 실파는 4cm 길이로 채 썬다.

4 찹쌀풀 2큰술, 고춧가루 1/4컵, 다진 새우젓 1큰술, 다진 마늘 1큰술, 다진 생강 1작은술, 소금 약간, 설탕 1/2큰술, 멸치액젓 1/2큰술을 넣어 양념장을 만들어 무채와 버무린다. 채 썬 실파, 갓, 미나리, 대파를 넣고 버무려 소를 만든다.

5 소를 배춧잎 사이사이에 고르게 펴 바르면서 넣어 준다.

6 배추의 아랫부분을 조금 접어 바깥 겉잎으로 배추의 전체를 감싸 소가 빠지지 않도록 하여 꼭꼭 싸준다.

7

완성 접시에 배추가 흐트러지지 않게 담아낸다.

자신의 능력을 믿어야 한다.
그리고 끝까지 굳세게 밀고 나가라.

– 엘리너 로절린 스미스 카터(Eleanor Rosalynn Smith carter)

PART 05

시험시간
40분 이상

칠절판

요구사항

주어진 재료를 사용하여 다음과 같이 칠절판을 만드시오.

❶ 밀전병은 지름이 8cm가 되도록 6개를 만드시오.

❷ 채소와 황·백지단, 소고기는 0.2cm × 0.2cm × 5cm로 써시오.

❸ 석이버섯은 곱게 채를 써시오.

```
          밀전병 지름  8cm
◄─────────────────────────────►
0   1   2   3   4   5   6   7   8   9   10
```

```
     채소, 황·백지단, 소고기
          5cm
◄─────────────────►
0   1   2   3   4   5   6   7   8   9   10
```

빈출 조합

• 도라지생채 P.12   • 무생채 P.14   • 육원전 P.27

재료

• 소고기(살코기, 길이 6cm) 50g
• 달걀 1개
• 오이(가늘고 곧은 것, 20cm) 1/2개
• 당근(길이 7cm, 곧은 것) 50g
• 석이버섯(부서지지 않은 것, 마른 것) 5g
• 대파(흰 부분, 4cm) 1토막
• 마늘(중, 깐 것) 2쪽   • 밀가루(중력분) 50g
• 진간장 20ml   • 검은 후춧가루 1g
• 참기름 10ml   • 흰설탕 10g
• 깨소금 5g   • 식용유 30ml
• 소금(정제염) 10g

조리과정

1 밀가루는 체에 내린다.

2 밀가루에 동량의 물과 약간의 소금을 넣고 풀어서 밀전병 반죽을 만든다.

조리TIP 반죽을 미리 만들어 두면 부드러워져 표면이 더 매끄럽게 부쳐진다.

3 파와 마늘은 곱게 다진다.

4 소고기는 길이 5cm, 굵기 0.2cm로 채 썰어 소고기 양념(간장 1작은술, 설탕 1/2작은술, 다진 파, 다진 마늘, 후추, 깨소금, 참기름)을 한다.

5 팬에 식용유를 약간 두르고 키친타월로 닦아낸 후 **2**의 반죽을 2/3큰술씩 떠서 지름 8cm 크기의 밀전병을 만들어 식힌다.

조리TIP 밀전병은 크기가 일정하며 얇아야 한다.

6 달걀은 황·백으로 나누어 소금을 약간 넣고 지단을 부친 후 길이 5cm, 굵기 0.2cm로 채 썰어 놓는다.

7 오이는 길이 5cm로 잘라 돌려깎은 후 굵기 0.2cm로 채 썬다. 당근도 같은 크기로 채 썰어 소금에 절인 후 물기를 제거하고 각각 달궈진 팬에 볶는다.

8 석이버섯은 물에 불려 딱딱한 부분을 떼어낸 다음 소금으로 문질러 손질하고 곱게 채 썰어 소금과 참기름으로 양념하여 살짝 볶는다.

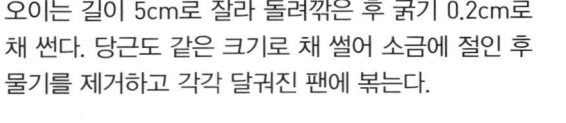 석이버섯은 너무 뜨거운 물에 불리면 색이 벗겨지므로 꼭 미지근한 물에 불려야 한다.

9 **4**의 소고기를 볶아 준비한다.

10 접시 중앙에 밀전병을 담고 나머지 재료를 색이 겹치지 않도록 보기 좋게 담아낸다.

비빔밥

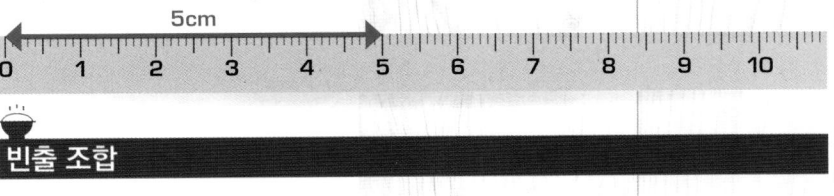

요구사항

주어진 재료를 사용하여 다음과 같이 비빔밥을 만드시오.

❶ 채소, 소고기, 황 · 백지단의 크기는 0.3cm × 0.3cm × 5cm로 써시오.
❷ 애호박은 돌려깎기하여 0.3cm × 0.3cm × 5cm로 써시오.
❸ 청포묵의 크기는 0.5cm × 0.5cm × 5cm로 써시오.
❹ 소고기는 고추장 볶음과 고명에 사용하시오.
❺ 담은 밥 위에 준비된 재료들을 색 맞추어 돌려 담으시오.
❻ 볶은 고추장은 완성된 밥 위에 얹어 내시오.

채소, 소고기, 황 · 백지단, 애호박, 청포묵

5cm

0 1 2 3 4 5 6 7 8 9 10

빈출 조합

• 도라지생채 P.12   • 무생채 P.14   • 북어구이 P.21

재료

• 쌀(30분 정도 물에 불린 쌀) 150g
• 애호박(중, 길이 6cm) 60g
• 도라지(찢은 것) 20g
• 고사리(불린 것) 30g
• 청포묵(중, 길이 6cm) 40g
• 소고기(살코기) 30g
• 건다시마(5×5cm) 1장
• 대파(흰 부분, 4cm) 1토막
• 마늘(중, 깐 것) 2쪽   • 달걀 1개
• 고추장 40g   • 식용유 30ml
• 진간장 15ml   • 흰설탕 15g
• 깨소금 5g   • 소금(정제염) 10g
• 검은 후춧가루 1g   • 참기름 5ml

1

물에 불린 쌀과 동량의 물을 넣어 밥을 고슬고슬하게 짓는다.

조리TIP❓ 뚜껑을 닫고 강불로 끓이다가 끓기 시작하면 약불에서 7~8분 정도 더 끓인 후 불을 끄고 뜸 들인다.

2

도라지는 0.3cm × 0.3cm × 5cm로 채 썰고 소금을 넣고 주물러 쓴맛을 뺀 후 찬물에 헹궈 물기를 제거한다.

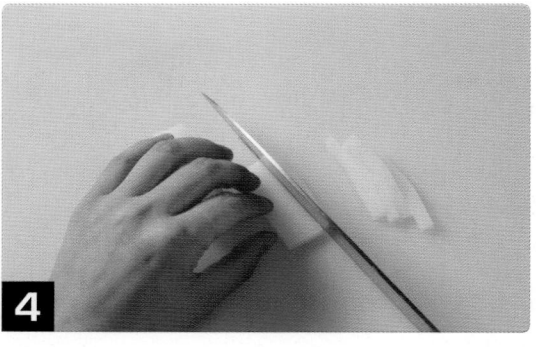

3

애호박은 돌려깎기하여 0.3cm × 0.3cm × 5cm로 채 썰어 소금에 절인 후 찬물에 헹구고 물기를 제거한다.

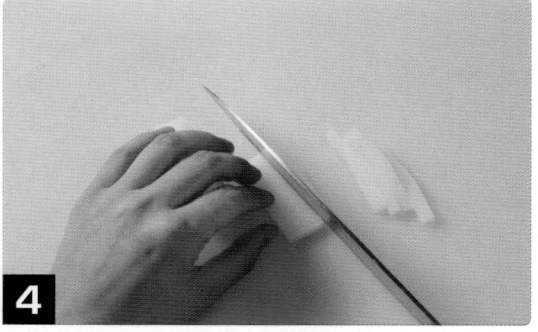

4

청포묵은 0.5cm × 0.5cm × 5cm로 채 썰어 끓는 물에 데친 뒤 찬물에 헹구고, 물기를 제거한 다음 소금, 참기름으로 무친다.

5

소고기 일부는 채 썰고, 나머지는 고추장 볶음용으로 다져서 각각 양념(간장 2작은술, 설탕 1작은술, 다진 파, 다진 마늘, 후추, 깨소금, 참기름)한 후 사용한다.

6

달걀은 황·백으로 나누어 약간의 소금을 넣고 잘 풀어준 후 지단을 부쳐 5cm 길이로 채 썬다.

고사리는 딱딱한 줄기는 잘라내고, 5cm로 잘라 양념 해 놓는다. **2**. **3**에서 손질한 재료와 고사리를 각각 볶은 후 채 썬 소고기를 볶는다.

조리TIP 도라지, 애호박, 고사리, 소고기 순으로 볶으면 팬이 지저분해지지 않아 시간을 절약할 수 있다.

다시마는 기름 3큰술에 튀겨서 잘게 부순다.

조리TIP 다시마는 높은 온도에서 튀기면 쓴맛이 나고 색이 검게 나오므로 너무 높은 온도에서 튀기지 않는다.

팬에 참기름 2/3큰술과 다진 소고기를 볶다가 불을 끄고 고추장 1큰술, 설탕 1/2큰술, 물 1큰술을 넣고 섞은 후 약불 또는 중불에서 한 덩어리로 볶는다.

완성 그릇에 편평하게 밥을 담고 그 위에 준비한 재료를 색 맞추어 돌려 담는다.

조리TIP 황·백지단은 고명이 아닌 부재료이므로 돌려 담아야 한다.

중앙에 고추장 볶음과 튀긴 다시마를 얹어 완성한다.

내 비장의 무기는 아직 손 안에 있다.
그것은 희망이다.

– 나폴레옹(Napoleon)

여러분의 작은 소리
에듀윌은 크게 듣겠습니다.

본 교재에 대한 여러분의 목소리를 들려주세요.
공부하시면서 어려웠던 점, 궁금한 점,
칭찬하고 싶은 점, 개선할 점, 어떤 것이라도 좋습니다.

에듀윌은 여러분께서 나누어 주신 의견을
통해 끊임없이 발전하고 있습니다.

에듀윌 도서몰 book.eduwill.net
- 부가학습자료 및 정오표: 에듀윌 도서몰 → 도서자료실
- 교재 문의: 에듀윌 도서몰 → 문의하기 → 교재(내용, 출간) / 주문 및 배송

에듀윌 한식조리기능사 실기

발 행 일	2024년 1월 25일 초판
편 저 자	김자경 · 김선희 · 송은주
펴 낸 이	양형남
펴 낸 곳	(주)에듀윌
등록번호	제25100-2002-000052호
주 소	08378 서울특별시 구로구 디지털로34길 55
	코오롱싸이언스밸리 2차 3층

www.eduwill.net
대표전화 1600-6700

조리기능사 실기 한식

스탠드형 핵심요약집

핵심요약집 사용법

STEP1 실선을 따라 자른다.

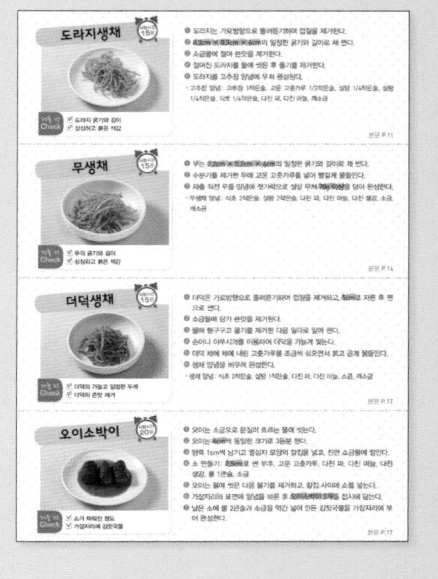

STEP2 점선을 따라 접는다.

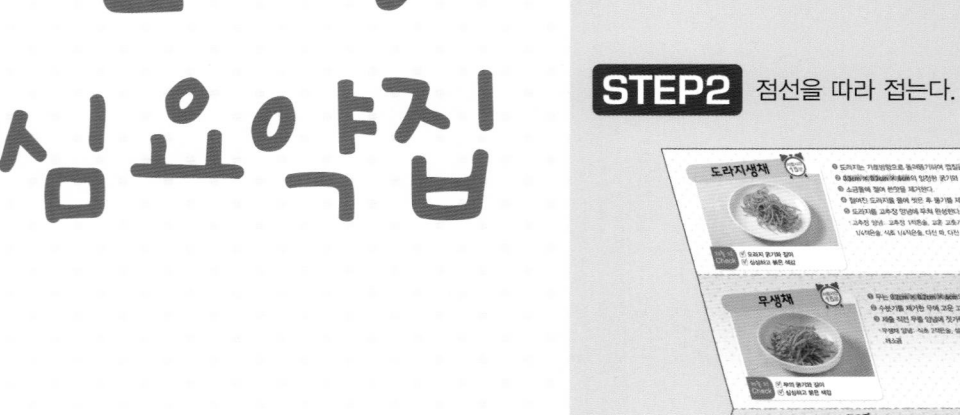

STEP3 조리대에 세워놓고 보면서 실습한다.

도라지생채

시험시간 15분

① 도라지는 껍질을 가로로 돌려뜯기한다.
② 0.3cm × 0.3cm × 6cm의 일정한 굵기와 길이로 채 썬다.
③ 도라지 채는 소금을 넣고 주무른 후 물 1컵을 넣어 쓴맛을 제거한다.
④ 쓴맛을 제거한 도라지는 물에 씻은 후 물기를 제거한다.
⑤ 도라지를 고추장 양념에 무친다.
  * 양념: 고추장 1작은술, 고운 고춧가루 1/2작은술, 설탕 1/2작은술, 식초 1/2작은술, 다진 파, 다진 마늘, 깨소금
⑥ 접시에 소복하게 담아낸다.

본문 P.12

제출 전 Check
☑ 도라지 굵기와 길이
☑ 싱싱하고 붉은 색감

무생채

시험시간 15분

① 무는 0.2cm × 0.2cm × 6cm의 일정한 굵기와 길이로 채 썬다.
② 무 채에 고운 고춧가루를 넣어 빨갛게 물들인다.
③ 제출 직전 무에 양념을 넣고 젓가락으로 살살 무친다.
  * 양념: 소금 1/3작은술, 설탕 1/2작은술, 식초 1/2작은술, 다진 파, 다진 마늘, 다진 생강, 깨소금
④ 접시에 70g 이상을 담아낸다.

본문 P.14

제출 전 Check
☑ 무의 굵기와 길이
☑ 싱싱하고 붉은 색감

더덕생채

시험시간 20분

① 더덕은 돌려뜯기하여 껍질을 제거하고, 2등분한다.
② 5cm 길이로 자른 후 소금물에 담가 쓴맛을 제거한다.
③ 물에 헹궈 물기를 제거한 다음 편으로 썰고 밀대로 두드려 편다.
④ 손이나 이쑤시개를 이용하여 더덕을 가늘게 찢는다.
⑤ 고춧가루를 체에 내려 더덕 채에 조금씩 섞어 붉고 곱게 물들인다.
⑥ 생채 양념을 넣고 버무린다.
  * 양념: 소금 1/3작은술, 식초 1/2작은술, 설탕 1/2작은술, 다진 파, 다진 마늘, 깨소금
⑦ 접시에 소복하게 담아낸다.

본문 P.16

제출 전 Check
☑ 더덕의 굵기
☑ 더덕의 쓴맛 제거

육회

시험시간 20분

① 배는 껍질을 벗긴 후 길이 5cm, 두께 0.3cm로 썰어 설탕물에 담가 놓는다.
② 마늘의 일부는 얇은 편으로 썰고, 나머지는 양념용으로 곱게 다진다.
③ 잣은 고깔을 제거하고 곱게 다져 잣가루를 만든다.
④ 소고기는 0.3cm × 0.3cm × 6cm로 채 썬다.
⑤ 채 썬 배의 물기를 제거한 후 접시의 가장자리에 돌려 담는다.
⑥ 채 썬 소고기에 육회 양념을 한 후 동그랗게 만들어 접시 중앙에 담는다.
  * 양념: 소금, 설탕, 다진 파, 다진 마늘, 후추, 깨소금, 참기름
⑦ 소고기 주변으로 마늘 편을 돌려 담고 고기 위에 잣가루를 얹어 낸다.

본문 P.18

제출 전 Check
☑ 배와 마늘의 일정한 모양
☑ 고명: 잣가루

실선에 따라 자르고, 점선에 따라 접어서 사용하세요.

도라지 생채

재료
- 통도라지 3개
- 대파 1토막
- 마늘 1쪽
- 소금 5g
- 고추장 20g
- 흰설탕 10g
- 식초 15ml
- 깨소금 5g
- 고춧가루 10g

요구사항
1. 도라지는 0.3cm × 0.3cm × 6cm로 써시오.
2. 생채는 고추장과 고춧가루 양념으로 무쳐 제출하시오.

본문 P.12

무생채

재료
- 무 120g
- 대파 1토막
- 마늘 1쪽
- 생강 5g
- 고춧가루 10g
- 흰설탕 10g
- 소금 5g
- 식초 5ml
- 깨소금 5g

요구사항
1. 무는 0.2cm × 0.2cm × 6cm로 썰어 사용하시오.
2. 생채는 고춧가루를 사용하시오.
3. 무생채는 70g 이상 제출하시오.

본문 P.14

더덕생채

재료
- 통더덕 2개
- 대파 1토막
- 마늘 1쪽
- 흰설탕 5g
- 식초 5ml
- 소금 5g
- 깨소금 5g
- 고춧가루 20g

요구사항
1. 더덕은 5cm로 썰어 두들겨 편 후 찢어서 쓴맛을 제거하여 사용하시오.
2. 고춧가루로 양념하고, 전량 제출하시오.

본문 P.16

육회

재료
- 소고기 90g
- 잣 5개
- 마늘 3쪽
- 검은 후춧가루 2g
- 흰설탕 30g
- 배 1/4개
- 대파 2토막
- 소금 5g
- 참기름 10ml
- 깨소금 5g

요구사항
1. 소고기는 0.3cm × 0.3cm × 6cm로 썰어 소금 양념으로 하시오.
2. 배는 0.3cm × 0.3cm × 5cm로 변색되지 않게 하여 가장자리에 돌려 담으시오.
3. 마늘은 편으로 썰어 장식하고 잣가루를 고명으로 얹으시오.
4. 소고기는 손질하여 전량 사용하시오.

본문 P.18

북어구이

시험시간 20분

① 북어는 찬물에 적셔 불린 후 물기를 제거한다.
② 북어 손질: 물기 짜기 → 머리, 지느러미, 잔가시, 뼈 제거 → 껍질 쪽에 잔 칼집 넣기
③ 손질된 북어를 6cm 길이로 3등분한다(북어를 구우면 길이가 줄어들기 때문에 완성작의 길이가 5cm가 되도록 약간 길게 자른다).
④ 유장처리한 북어를 초벌구이한다.
 * 유장: 간장 1작은술, 참기름 1큰술
⑤ 고추장 양념을 골고루 바르고, 석쇠를 이용하여 타지 않게 굽는다.
 * 양념: 고추장 1큰술, 설탕 1/2큰술, 다진 파, 다진 마늘, 후추, 깨소금, 참기름
⑥ 북어 모양을 살려 3개를 담아낸다.

제출 전 Check
☑ 유장처리 후 고추장 양념
☑ 북어의 길이와 구워진 정도

본문 P.21

표고전

시험시간 20분

① 불린 표고버섯의 물기를 제거하고 기둥을 잘라낸 후 안쪽에 양념으로 밑간을 한다.
 * 양념: 간장 1작은술, 설탕 1/2작은술, 참기름 1큰술
② 소고기는 핏물을 제거한 후 곱게 다지고, 두부는 면포를 이용하여 물기를 제거한 후 곱게 으깬다.
③ 다진 소고기와 으깬 두부에 양념을 넣어 치댄다.
 * 양념: 소금, 설탕, 다진 파, 다진 마늘, 후추, 깨소금, 참기름
④ 표고버섯의 안쪽에 밀가루를 묻힌 후 소를 편평하게 채운다.
⑤ 소가 들어간 쪽에만 밀가루, 달걀물 순으로 묻힌 후 약불에서 속까지 익혀 표고전 5개를 담아낸다.

제출 전 Check
☑ 소의 익힘 정도와 색

본문 P.24

육원전

시험시간 20분

① 소고기는 핏물과 기름기를 제거한 후 곱게 다진다.
② 두부는 면포에 싸서 물기를 제거한 후 칼등으로 곱게 으깬다.
③ 다진 소고기와 으깬 두부에 양념을 넣고 끈기가 나도록 치댄다.
 * 양념: 소금, 설탕, 다진 파, 다진 마늘, 후추, 깨소금, 참기름
④ 지름 4.5~5cm, 두께 0.6cm 크기로 완자를 빚어 옆면의 각을 잡는다(완자는 익으면서 지름은 줄어들고, 두께는 두꺼워지므로 완성작이 지름 4cm, 두께 0.7cm가 되도록 만든다).
⑤ 노른자에 흰자 약간과 소금을 넣어 달걀물을 만든다.
⑥ 완자에 밀가루, 달걀물 순서로 묻힌 후 약불에서 지져 육원전 6개를 담아낸다.

제출 전 Check
☑ 옆면의 모양과 규격

본문 P.27

홍합초

시험시간 20분

① 홍합은 이물질과 족사를 제거하고 체에 밭쳐 놓는다.
② 손질된 홍합은 끓는 물에 살짝 데쳐 찬물에 헹궈 놓는다.
③ 대파는 2cm 길이로, 마늘과 생강은 편으로 썬다.
④ 냄비에 조림장을 넣고 끓으면 데친 홍합, 마늘, 생강을 넣고 약불에서 조린다.
 * 조림장: 간장 1~2큰술, 설탕 1큰술, 물 1/4컵
⑤ 국물이 반으로 졸아들면 대파를 넣고 조리다가 후추와 참기름을 넣는다.
⑥ 조림장 2큰술과 함께 접시에 담아내고, 고깔을 떼고 곱게 다진 잣가루를 얹어 낸다.

제출 전 Check
☑ 홍합의 윤기
☑ 고명: 잣가루

본문 P.29

북어구이

본문 P.21

재료

- 북어포 1마리
- 마늘 2쪽
- 고추장 40g
- 깨소금 5g
- 검은 후춧가루 2g
- 대파 1토막
- 진간장 20ml
- 흰설탕 10g
- 참기름 15ml
- 식용유 10ml

요구사항

1. 구워진 북어의 길이는 5cm로 하시오.
2. 유장으로 초벌구이하고, 고추장 양념으로 석쇠에 구우시오.
3. 완성품은 3개를 제출하시오(단, 세로로 잘라 3/6토막 제출할 경우 수량 부족으로 실격 처리).

표고전

재료

- 건표고버섯 5개
- 두부 15g
- 대파 1토막
- 밀가루(중력분) 20g
- 참기름 5ml
- 깨소금 5g
- 진간장 5ml
- 소고기 30g
- 달걀 1개
- 마늘 1쪽
- 검은 후춧가루 1g
- 소금 5g
- 식용유 20ml
- 흰설탕 5g

요구사항

1. 표고버섯과 속은 각각 양념하여 사용하시오.
2. 표고전은 5개를 제출하시오.

본문 P.24

육원전

재료

- 소고기 70g
- 밀가루(중력분) 20g
- 대파 1토막
- 검은 후춧가루 2g
- 소금 5g
- 깨소금 5g
- 두부 30g
- 달걀 1개
- 마늘 1쪽
- 참기름 5ml
- 식용유 30ml
- 흰설탕 5g

요구사항

1. 육원전은 지름 4cm, 두께 0.7cm가 되도록 하시오.
2. 달걀은 흰자, 노른자를 혼합하여 사용하시오.
3. 육원전 6개를 제출하시오.

본문 P.27

홍합초

재료

- 생홍합 100g
- 마늘 2쪽
- 잣 5개
- 참기름 5ml
- 흰설탕 10g
- 대파 1토막
- 생강 15g
- 검은 후춧가루 2g
- 진간장 40ml

요구사항

1. 마늘과 생강은 편으로, 파는 2cm로 써시오.
2. 홍합은 데쳐서 전량 사용하고, 촉촉하게 보이도록 국물을 끼얹어 제출하시오.
3. 잣가루를 고명으로 얹으시오.

본문 P.29

두부젓국찌개

시험시간 20분

❶ 굴은 껍질을 골라내고 소금물에 흔들어 씻은 후 체에 밭쳐 놓는다.
❷ 새우젓은 곱게 다진 후 면포에 짜서 새우젓 국물을 준비한다.
❸ 두부는 2cm × 3cm × 1cm, 실파는 3cm, 씨를 제거한 홍고추는 0.5cm × 3cm로 썬다.
❹ 냄비에 물 2컵과 약간의 소금을 넣고 끓이다 끓어 오르면, 두부를 넣어 끓인다.
❺ 두부가 반 정도 익으면 굴과 새우젓 국물 2작은술, 다진 마늘 1작은술을 넣어 끓인다.
❻ 마지막으로 홍고추와 실파, 참기름을 약간 넣고 국물 200ml 이상과 함께 그릇에 담아낸다.

본문 P.31

제출 전 Check
☑ 재료의 크기
☑ 국물의 맑은 정도와 양

오이소박이

시험시간 20분

❶ 오이는 소금으로 문질러 흐르는 물에 씻는다.
❷ 오이는 6cm씩 동일한 길이로 3등분한다.
❸ 양쪽 1cm씩 남기고 3갈래 또는 4갈래(열십자 모양)로 칼집을 넣고, 진한 소금물에 절인다.
❹ 소 만들기: 1cm로 썬 부추, 고춧가루 1큰술, 다진 새우젓 1작은술, 소금 약간, 다진 파, 다진 마늘, 다진 생강, 물 1큰술
❺ 오이는 물에 씻은 다음 물기를 제거하고, 칼집 사이에 소를 채워 넣는다.
❻ 가장자리와 표면에 양념을 바른 후 오이소박이 3개를 접시에 담는다.
❼ 남은 소에 물 2큰술과 소금 약간을 넣어 만든 김칫국을 가장자리에 부어 낸다.

본문 P.33

제출 전 Check
☑ 소가 채워진 정도
☑ 가장자리에 김칫국물

재료썰기

시험시간 25분

❶ 황·백지단을 부쳐 1.5cm의 마름모꼴로 각각 10개씩 썰고, 나머지는 5cm 길이로 자른 후 0.2cm 두께로 채 썬다.
❷ 무는 0.2cm × 0.2cm × 5cm로 채 썬다.
❸ 오이는 5cm 길이로 자른 후 돌려깎고, 0.2cm 두께로 채 썬다.
❹ 당근은 5cm 길이, 1.5cm 폭으로 자른 후 0.2cm 두께의 골패 모양으로 썬다.
❺ 접시에 보기 좋게 담아낸다.

본문 P.38

제출 전 Check
☑ 재료의 모양 및 크기
☑ 마름모꼴 지단 10개

생선전

시험시간 25분

❶ 동태 손질하기: 비늘, 지느러미, 머리 순으로 제거 → 배를 갈라 내장과 검은 막 제거 → 물에 씻은 후 물기 제거
❷ 뼈에 살이 남지 않고, 부서지지 않도록 세장뜨기를 한다.
❸ 껍질이 바닥에 닿게 놓고, 꼬리는 당기고 칼은 밀면서 껍질을 벗긴다.
❹ 껍질을 벗긴 생선을 0.4cm × 6cm × 5cm로 포를 뜨고 소금과 흰 후춧 가루로 밑간을 한다(생선은 익으면서 크기가 줄어들고, 두께는 두꺼워지 므로 완성작이 0.5cm × 5cm × 4cm가 되도록 자른다).
❺ 생선포에 밀가루, 달걀물 순으로 묻히고 노릇하게 지져 생선전 8개를 담아낸다.

본문 P.41

제출 전 Check
☑ 생선전의 크기와 모양
☑ 익힘 정도와 색

두부젓국찌개

본문 P.31

재료

- 두부 100g
- 생굴 30g
- 새우젓 10g
- 홍고추(생) 1/2개
- 실파 20g
- 마늘 1쪽
- 참기름 5ml
- 소금 5g

요구사항

❶ 두부는 2cm × 3cm × 1cm로 써시오.
❷ 홍고추는 0.5cm × 3cm, 실파는 3cm 길이로 써시오.
❸ 간은 소금과 새우젓으로 하고, 국물을 맑게 만드시오.
❹ 찌개의 국물은 200ml 이상 제출하시오.

오이소박이

재료

- 오이 1개
- 부추 20g
- 새우젓 10g
- 고춧가루 10g
- 대파 1토막
- 마늘 1쪽
- 생강 10g
- 소금 50g

요구사항

❶ 오이는 6cm 길이로 3토막 내시오.
❷ 오이에 3~4갈래 칼집을 넣을 때 양쪽 끝이 1cm 남도록 하고, 절여 사용하시오.
❸ 소를 만들 때 부추는 1cm 길이로 썰고, 새우젓은 다져 사용하시오.
❹ 그릇에 묻은 양념을 이용하여 국물을 만들어 소박이 위에 부어내시오.

본문 P.33

재료썰기

재료

- 무 100g
- 오이 1/2개
- 당근 1토막
- 달걀 3개
- 식용유 20ml
- 소금 10g

요구사항

❶ 무, 오이, 당근, 달걀지단을 썰기하여 전량 제출하시오(단, 재료별 써는 방법이 틀렸을 경우 실격).
❷ 무는 채 썰기, 오이는 돌려깎기하여 채 썰기, 당근은 골패 썰기를 하시오.
❸ 달걀은 흰자와 노른자를 분리하여 알끈과 거품을 제거하고 지단을 부쳐 완자(마름모꼴) 모양으로 각 10개를 썰고, 나머지는 채 썰기를 하시오.
❹ 재료썰기의 크기는 다음과 같이 하시오.
  - 채 썰기: 0.2cm × 0.2cm × 5cm
  - 골패 썰기: 0.2cm × 1.5cm × 5cm
  - 마름모형 썰기: 한 면의 길이가 1.5cm

본문 P.38

생선전

재료

- 동태 1마리
- 밀가루(중력분) 30g
- 달걀 1개
- 소금 10g
- 흰 후춧가루 2g
- 식용유 50ml

요구사항

❶ 생선은 세장뜨기하여 껍질을 벗겨 포를 뜨시오.
❷ 생선전은 0.5cm × 5cm × 4cm로 만드시오.
❸ 달걀은 흰자, 노른자를 혼합하여 사용하시오.
❹ 생선전은 8개 제출하시오.

본문 P.41

풋고추전

시험시간 25분

❶ 풋고추는 5cm로 자른 후 반으로 갈라 씨를 제거한다.
❷ 끓는 물에 소금을 넣고 풋고추를 살짝 데친 후 찬물에 재빨리 헹군다.
❸ 소고기는 핏물을 제거한 후 곱게 다지고, 두부는 물기를 꼭 짜고 으깨어 양념한다.
  * 양념: 소금, 설탕, 다진 파, 다진 마늘, 후추, 깨소금, 참기름
❹ 풋고추 안쪽에 밀가루를 묻힌 후 털어내고, 양념한 소를 편평하게 채운다.
❺ 소가 채워진 부분에 밀가루, 달걀물 순으로 묻히고, 달궈진 팬에서 약불로 속까지 익혀 풋고추전 8개를 담아낸다.

제출 전 Check
☑ 소의 익힘 정도
☑ 풋고추와 달걀물의 색

본문 P.44

너비아니구이

시험시간 25분

❶ 배는 껍질을 벗긴 후 강판에 갈고, 면포에 짜서 배즙을 만든다.
❷ 소고기는 핏물을 제거한 후 결의 반대 방향으로 0.4cm × 6cm × 5cm로 썬 후 칼등으로 두들겨 두께를 일정하게 한다(고기는 익으면서 길이가 줄어들고 두께는 두꺼워지므로 완성작이 0.5cm × 5cm × 4cm가 되도록 자른다).
❸ 소고기를 간장 양념에 재운다.
  * 양념: 간장 1큰술, 설탕 1/2큰술, 배즙 2큰술, 다진 파, 다진 마늘, 후추, 깨소금, 참기름
❹ 달군 석쇠에 재운 고기를 가장자리가 겹치도록 올려 앞, 뒤로 익힌다.
❺ 접시에 너비아니구이 6쪽을 담고, 잣가루를 얹어 낸다.

제출 전 Check
☑ 익힘 정도
☑ 고명: 잣가루

본문 P.46

두부조림

시험시간 25분

❶ 두부는 3cm × 4.5cm × 0.8cm로 썰고 면포에 올려 물기를 제거한 후 소금을 약간 뿌려 둔다.
❷ 속을 저며낸 대파는 2~3cm로 채 썰고, 실고추는 2~3cm로 준비한다.
❸ 팬에 식용유를 두른 후 물기를 제거한 두부를 앞, 뒤로 노릇하게 지진다.
❹ 냄비에 두부를 담고 조림장을 넣어 끼얹으며 윤기나게 조린다.
  * 조림장: 간장 1큰술, 설탕 1/2큰술, 다진 파, 다진 마늘, 후추, 깨소금, 참기름, 물 1/4컵
❺ 실고추와 파채를 고명으로 얹고 살짝 뜸 들인다.
❻ 접시에 두부 8쪽을 담고 국물을 2큰술 정도 끼얹어 낸다.

제출 전 Check
☑ 조림장의 색
☑ 고명: 실파, 실고추

본문 P.48

더덕구이

시험시간 30분

❶ 더덕은 가로방향으로 돌려깎기하여 껍질을 제거하고, 길게 반으로 갈라 소금물에 담가둔다.
❷ 절여진 더덕은 물기를 제거한 후 밀대로 밀고, 두들겨서 두께를 조절한다.
❸ 더덕에 앞, 뒤로 유장처리한 후 석쇠에 올려 초벌구이한다.
  * 유장: 간장 1작은술, 참기름 1큰술
❹ 초벌구이한 더덕에 고추장 양념을 발라 앞, 뒤로 굽는다.
  * 양념: 고추장 1큰술, 설탕 1/2큰술, 다진 파, 다진 마늘, 깨소금, 참기름
❺ 접시에 전량을 담아낸다.

제출 전 Check
☑ 유장처리 후 고추장 양념

본문 P.54

풋고추전

재료

- 풋고추 2개
- 두부 15g
- 달걀 1개
- 마늘 1쪽
- 참기름 5ml
- 깨소금 5g
- 흰설탕 5g
- 소고기 30g
- 밀가루(중력분) 15g
- 대파 1토막
- 검은 후춧가루 1g
- 소금 5g
- 식용유 20ml

요구사항

❶ 풋고추는 5cm 길이로 소를 넣고 지져내시오.
❷ 풋고추는 잘라 데쳐서 사용하며, 완성된 풋고추 전은 8개를 제출하시오.

본문 P.44

너비아니 구이

재료

- 소고기 100g
- 잣 5개
- 마늘 2쪽
- 흰설탕 10g
- 진간장 50ml
- 참기름 10ml
- 배 1/8개
- 대파 1토막
- 검은 후춧가루 2g
- 깨소금 5g
- 식용유 10ml

요구사항

❶ 완성된 너비아니는 0.5cm × 5cm × 4cm로 하 시오.
❷ 석쇠를 사용하여 굽고, 6쪽 제출하시오.
❸ 잣가루를 고명으로 얹으시오.

본문 P.46

두부조림

재료

- 두부 200g
- 마늘 1쪽
- 검은 후춧가루 1g
- 소금 5g
- 진간장 15ml
- 흰설탕 5g
- 대파 1토막
- 실고추 1g
- 참기름 5ml
- 식용유 30ml
- 깨소금 5g

요구사항

❶ 두부는 3cm × 4.5cm × 0.8cm로 잘라 지져서 사용하시오.
❷ 8쪽을 제출하고, 촉촉하게 보이도록 국물을 약 간 끼얹어 내시오.
❸ 실고추와 파채를 고명으로 얹으시오.

본문 P.48

더덕구이

재료

- 통더덕 3개
- 마늘 1쪽
- 고추장 30g
- 깨소금 5g
- 소금 10g
- 대파 1토막
- 진간장 10ml
- 흰설탕 5g
- 참기름 10ml
- 식용유 10ml

요구사항

❶ 더덕은 껍질을 벗겨 사용하시오.
❷ 유장으로 초벌구이를 하고, 고추장 양념으로 석 쇠에 구우시오.
❸ 완성품은 전량 제출하시오.

본문 P.54

제육구이

⏰ 시험시간 30분

❶ 돼지고기는 핏물을 제거하고 등분하여 칼등으로 두드리고 칼집을 넣는다.
❷ 완성 규격인 0.4cm × 5cm × 4cm보다 0.5cm 정도 크게 자른다(고기가 익으면 길이는 줄어들고 두께는 두꺼워지므로 완성작의 크기를 고려하여 자른다).
❸ 돼지고기의 앞, 뒤에 고추장 양념을 골고루 발라 재운다.
＊ 양념: 고추장 2큰술, 설탕 1큰술, 다진 파, 다진 마늘, 다진 생강, 후추, 깨소금, 참기름
❹ 석쇠 위에 고기를 얹어 양념장을 덧바르며 타지 않게 앞, 뒤로 구워 전량을 담아낸다.

제출 전 Check
☑ 완성작의 규격   ☑ 고명 없음
☑ 고추장 양념 석쇠구이

본문 P.57

섭산적

⏰ 시험시간 30분

❶ 고기는 핏물을 제거하여 곱게 다지고, 두부는 면포에 싸서 물기를 제거하여 으깬다.
❷ 다진 소고기와 으깬 두부에 양념을 넣어 치댄다.
＊ 양념: 소금, 설탕, 다진 파, 다진 마늘, 후추, 깨소금, 참기름
❸ 0.7cm × 8cm × 8cm가 되도록 반대기를 빚어낸 뒤 잔 칼집을 넣는다.
❹ 달군 석쇠에 반대기를 올려 앞, 뒤로 타지 않게 굽는다.
❺ 익은 섭산적을 2cm × 2cm 크기로 네모나게 9토막으로 썰어 일정 간격으로 담고, 위에 잣가루를 얹어 낸다.

제출 전 Check
☑ 섭산적 표면
☑ 고명: 잣가루

본문 P.59

생선양념구이

⏰ 시험시간 30분

❶ 생선 손질하기: 생선의 비늘 제거 → 배와 등쪽의 지느러미 제거 → 꼬리를 V자 모양으로 자르기 → 아가미와 아가미 속의 내장 제거
❷ 손질한 생선의 앞, 뒷면에 2cm 간격으로 3군데에 어슷하게 칼집을 넣고, 소금을 뿌려 밑간을 한다.
❸ 소금에 절인 생선에 유장처리를 한 후 달군 석쇠에 앞, 뒤로 초벌구이하며 거의 익혀 준다.
＊ 유장: 간장 1작은술, 참기름 1큰술
❹ 초벌구이한 생선에 고추장 양념을 바른 후 타지 않게 다시 구워낸다.
＊ 양념: 고추장 1큰술, 설탕 1/2큰술, 다진 파, 다진 마늘, 후추, 깨소금, 참기름
❺ 익힌 생선의 머리는 왼쪽, 배는 앞쪽을 향하게 담아낸다.

제출 전 Check
☑ 생선의 모양 유지
☑ 유장처리 후 고추장 양념

본문 P.61

오징어볶음

⏰ 시험시간 30분

❶ 홍고추, 풋고추, 대파는 0.5cm 정도 두께로 어슷하게 썬 후 고추는 씨를 제거하고, 양파는 1cm 폭으로 자른다.
❷ 오징어 손질하기: 배를 갈라 내장 제거 → 껍질 제거 → 몸통의 안쪽에 0.3cm 간격으로 어슷하게 칼집 넣기 → 몸통은 가로 4.5cm, 세로 2cm, 다리는 4~5cm 길이로 썰기(익으면서 몸통의 길이가 줄어들기 때문에 완성작이 4cm × 1.5cm가 되도록 자른다)
❸ 식용유를 두른 팬에 양파를 볶다가 홍고추, 대파, 풋고추를 넣어 볶는다.
❹ 오징어를 넣고 볶다가 오징어 모양이 나면 고추장 양념을 넣고 볶아 접시에 담아낸다.
＊ 양념: 고추장 2큰술, 고춧가루 1큰술, 설탕 1큰술, 다진 마늘, 다진 생강, 간장, 후추, 깨소금, 참기름, 물 약간

제출 전 Check
☑ 오징어 칼집 간격
☑ 대파 모양

본문 P.64

제육구이

재료

- 돼지고기 150g
- 마늘 2쪽
- 고추장 40g
- 검은 후춧가루 2g
- 깨소금 5g
- 식용유 10ml
- 대파 1토막
- 생강 10g
- 진간장 10ml
- 흰설탕 15g
- 참기름 5ml

요구사항

❶ 완성된 제육은 0.4cm × 5cm × 4cm로 하시오.
❷ 고추장 양념하여 석쇠에 구우시오.
❸ 제육구이는 전량 제출하시오.

본문 P.57

섭산적

재료

- 소고기 80g
- 대파 1토막
- 검은 후춧가루 2g
- 소금 5g
- 깨소금 5g
- 식용유 30ml
- 두부 30g
- 마늘 1쪽
- 잣 10개
- 흰설탕 10g
- 참기름 5ml

요구사항

❶ 고기와 두부의 비율을 3:1로 하시오.
❷ 다져서 양념한 소고기는 크게 반대기를 지어 석 쇠에 구우시오.
❸ 완성된 섭산적은 0.7cm × 2cm × 2cm로 9개 이상 제출하시오.
❹ 잣가루를 고명으로 얹으시오.

본문 P.59

생선양념구이

재료

- 조기 1마리
- 마늘 1쪽
- 고추장 40g
- 깨소금 5g
- 소금 20g
- 식용유 10ml
- 대파 1토막
- 진간장 20ml
- 흰설탕 5g
- 참기름 5ml
- 검은 후춧가루 2g

요구사항

❶ 생선은 머리와 꼬리를 포함하여 통째로 사용하 고 내장은 아가미쪽으로 제거하시오.
❷ 칼집 넣은 생선은 유장으로 초벌구이하고 고추 장 양념으로 석쇠에 구우시오.
❸ 생선구이는 머리 왼쪽, 배 앞쪽 방향으로 담아 내시오.

본문 P.61

오징어볶음

재료

- 물오징어 1마리
- 홍고추(생) 1개
- 대파 1토막
- 생강 5g
- 진간장 10ml
- 참기름 10ml
- 고춧가루 15g
- 검은 후춧가루 2g
- 풋고추 1개
- 양파 1/3개
- 마늘 2쪽
- 소금 5g
- 흰설탕 20g
- 깨소금 5g
- 고추장 50g
- 식용유 30ml

요구사항

❶ 오징어는 0.3cm 폭으로 어슷하게 칼집을 넣고, 크기는 4cm × 1.5cm로 써시오(단, 오징어 다 리는 4cm 길이로 자른다).
❷ 고추, 파는 어슷썰기, 양파는 폭 1cm로 써시오.

본문 P.64

장국죽

시험시간 30분

❶ 불린 쌀은 체에 밭쳐 물기를 뺀 후 밀대로 밀어 싸라기를 만든다.
❷ 불린 표고버섯은 얇게 포 뜬 후 3cm 길이로 채 썰어 양념(진간장, 참기름)하고 소고기는 곱게 다져 양념한다.
  * 소고기 양념: 진간장 1작은술, 다진 파, 다진 마늘, 후추, 깨소금, 참기름
❸ 참기름을 두른 냄비에 양념한 소고기를 볶다가 표고버섯을 볶은 다음 싸라기를 만들어 놓은 쌀을 넣고 충분히 볶아준다.
❹ 쌀 분량의 6배(3컵)의 물을 넣고 강불에서 끓이다가 중불에서 쌀알이 퍼질 때까지 저어주며 끓이고 쌀알이 퍼지면 국간장으로 색을 맞춰 완성한다.

제출 전 **Check**
☑ 다진 소고기, 표고버섯 채
☑ 죽의 농도

본문 P.66

콩나물밥

시험시간 30분

❶ 물에 불린 쌀은 체에 밭쳐 물기를 제거하고, 콩나물은 꼬리 부분을 다듬고 물에 씻는다.
❷ 소고기는 채 썰어 양념한다.
  * 양념: 간장 1작은술, 다진 파, 다진 마늘, 참기름
❸ 냄비에 쌀을 넣고 그 위로 콩나물과 양념한 소고기를 잘 펴서 올리고 쌀과 동일한 양의 물을 넣는다.
❹ 뚜껑을 덮은 채로 끓이고, 끓기 시작하면 약불로 줄여 8~10분 정도 익힌 후 불을 끄고 뜸을 들인다.
❺ 쌀알이 퍼져 익음을 확인하고 골고루 섞어 콩나물과 소고기가 잘 보이도록 그릇에 담아낸다.

제출 전 **Check**
☑ 콩나물 다듬기(꼬리만 다듬어야 함)
☑ 쌀과 물 동량 ☑ 설탕, 후추, 깨 ×

본문 P.68

완자탕

시험시간 30분

❶ 물 2.5컵에 소고기(사태)와 파, 마늘을 넣고 끓인 후 면포에 내려 국간장으로 색을 내고, 소금으로 간을 한다.
❷ 소고기(살코기)를 다진 후 으깬 두부와 완자 양념을 넣어 충분히 치댄다.
  * 양념: 소금, 설탕, 다진 파, 다진 마늘, 후추, 깨소금, 참기름
❸ 소를 6등분하여 지름 3cm 정도의 완자 6개를 만든 뒤 밀가루를 묻혀 털고 달걀물을 묻힌다.
❹ 달걀물을 입힌 완자를 중불에서 굴려가며 익힌 후 육수에 넣고 끓인다.
❺ 완자와 국물 200㎖를 담고, 마름모꼴로 썬 황·백지단을 2개씩 얹어 낸다.

제출 전 **Check**
☑ 완자의 크기와 모양 ☑ 국간장 색
☑ 완자의 익은 정도

본문 P.70

생선찌개

시험시간 30분

❶ 무와 두부는 2.5cm × 3.5cm × 0.8cm, 실파와 쑥갓은 4cm로 자르고, 애호박은 0.5cm 두께의 반달형으로 썬다. 쑥갓은 찬물에 담가 놓는다.
❷ 풋고추와 홍고추는 통어슷썰기하여 씨를 제거한다.
❸ 동태 손질하기: 비늘, 지느러미 제거 → 머리 자르기 → 몸통은 4~5cm 정도로 3등분하기 → 머리의 불순물과 내장 제거, 주둥이 조금 자르기
❹ 물 3컵, 고추장 1큰술, 소금 1/2작은술, 무, 생선 → 고춧가루 2작은술, 다진 마늘, 다진 생강 → 애호박, 두부 → 풋고추, 홍고추, 실파 순으로 넣어 끓인다.
❺ 소금으로 간을 맞추고 그릇에 담은 후 국물에 적신 쑥갓을 올려 낸다.

제출 전 **Check**
☑ 재료 넣는 순서
☑ 생선 손질 ☑ 대파 ×

본문 P.72

장국죽

재료

- 쌀 100g
- 건표고버섯 1개
- 마늘 1쪽
- 국간장 10ml
- 검은 후춧가루 1g
- 소고기 20g
- 대파 1토막
- 진간장 10ml
- 깨소금 5g
- 참기름 10ml

요구사항

❶ 불린 쌀을 반 정도로 싸라기를 만들어 죽을 쑤시오.

❷ 소고기는 다지고 불린 표고는 3cm의 길이로 채 써시오.

본문 P.66

콩나물밥

재료

- 쌀 150g
- 콩나물 60g
- 소고기 30g
- 대파 1/2토막
- 마늘 1쪽
- 진간장 5ml
- 참기름 5ml

요구사항

❶ 콩나물은 꼬리를 다듬고 소고기는 채 썰어 간장 양념을 하시오.

❷ 밥을 지어 전량 제출하시오.

본문 P.68

완자탕

재료

- 소고기(살코기) 50g
- 달걀 1개
- 대파 1/2토막
- 키친타월 1장
- 식용유 20ml
- 검은 후춧가루 2g
- 참기름 5ml
- 흰설탕 5g
- 소고기(사태 부위) 20g
- 두부 15g
- 마늘 2쪽
- 밀가루(중력분) 10g
- 소금 10g
- 국간장 5ml
- 깨소금 5g

요구사항

❶ 완자는 지름 3cm로 6개를 만들고, 국물의 양은 200ml 이상 제출하시오.

❷ 달걀은 지단과 완자용으로 사용하시오.

❸ 고명으로 황·백지단(마름모꼴)을 각 2개씩 띄우시오.

본문 P.70

생선찌개

재료

- 동태 1마리
- 애호박 30g
- 홍고추(생) 1개
- 마늘 2쪽
- 생강 10g
- 고추장 30g
- 고춧가루 10g
- 무 60g
- 두부 60g
- 풋고추 1개
- 쑥갓 10g
- 실파 40g
- 소금 10g

요구사항

❶ 생선은 4~5cm의 토막으로 자르시오.

❷ 무, 두부는 2.5cm × 3.5cm × 0.8cm로 써시오.

❸ 호박은 0.5cm 반달형, 고추는 통어슷썰기, 쑥갓과 파는 4cm로 써시오.

❹ 고추장, 고춧가루를 사용하여 만드시오.

❺ 각 재료는 익는 순서에 따라 조리하고, 생선살이 부서지지 않도록 하시오.

❻ 생선머리를 포함하여 전량 제출하시오.

본문 P.72

겨자채

시험시간 35분

① 핏물을 제거한 소고기를 끓는 물에 삶아 식히고, 냄비 뚜껑 위에 미지근한 물에 개어놓은 겨자가루를 뒤집어 놓고 발효시킨다.
② 삶은 고기, 양배추, 오이, 당근, 황·백지단, 배는 0.3cm × 1cm × 4cm로 썰고, 밤은 모양대로 납작하게 썬다.
③ 채소는 찬물(배와 밤은 설탕물)에 담가둔다.
④ 준비한 재료들은 물기를 제거한 후 겨자소스에 버무린다.
＊ 겨자소스: 발효 겨자 1큰술, 소금 약간, 설탕 1큰술, 식초 1큰술, 간장 2방울
⑤ 고명으로 고깔을 제거한 통잣을 얹어 낸다.

제출 전 Check
☑ 싱싱하고 아삭함
☑ 겨자 발효

본문 P.78

미나리강회

시험시간 35분

① 끓는 물에 소금을 넣고 미나리 줄기를 살짝 데쳐 찬물로 헹군 후 물기를 제거하여 길게 반으로 가르고 20cm 정도로 자른다.
② 소고기는 핏물을 제거한 후 끓는 물에 삶아 편육을 준비한다.
③ 홍고추는 길이 4cm로 자르고 반을 갈라 씨를 제거하고, 폭 0.5cm로 자른다.
④ 소고기 편육, 황·백지단을 길이 5cm × 1.5cm로 잘라 준비한다.
⑤ 소고기 편육, 백지단, 황지단, 홍고추 순서로 포개어 모양을 잡고 중간 지점에 데친 미나리로 돌돌 말아 묶는다.
⑥ 미나리강회 8개에 초고추장을 곁들여 낸다.
＊ 초고추장: 고추장 1작은술, 설탕 1/2작은술, 식초 1작은술, 물 약간

제출 전 Check
☑ 완성작의 크기
☑ 각 재료의 규격

본문 P.81

탕평채

시험시간 35분

① 청포묵은 0.4cm × 0.4cm × 6cm로 썰고, 숙주는 거두절미한다.
② 끓는 물에 숙주, 청포묵, 미나리 줄기 순으로 데친 후 미나리는 길게 반을 갈라 5cm로 자르고, 청포묵은 식힌 후 소금, 참기름으로 밑간을 한다.
③ 소고기는 채 썰어 양념한다.
＊ 양념: 간장 1작은술, 설탕 1/2작은술, 다진 파, 다진 마늘, 후추, 깨소금, 참기름
④ 달군 팬에 김을 구운 후 부수어 놓는다.
⑤ 황·백지단은 채 썰고, 양념한 소고기는 팬에 볶아 식힌다.
⑥ 준비한 재료를 초간장으로 버무려 그릇에 담고 김과 황·백지단을 고명으로 얹어 낸다.
＊ 초간장: 간장 1작은술, 설탕 1/2작은술, 식초 1/2작은술

제출 전 Check
☑ 각 재료의 길이
☑ 무쳐진 재료의 초간장색

본문 P.84

화양적

시험시간 35분

① 껍질을 제거한 도라지, 오이, 당근, 표고버섯은 0.6cm × 1cm × 6cm로 자르고 도라지와 오이는 소금물에 절인다.
② 소고기는 2등분하여 칼등으로 두드리고 칼집을 넣어 0.5cm × 1cm × 7cm로 자른 후 표고버섯과 함께 양념에 재운다.
＊ 양념: 간장 1작은술, 설탕 1/2작은술, 다진 파, 다진 마늘, 후추, 깨소금, 참기름
③ 도라지와 당근은 끓는 물에 소금을 넣어 데친 후 물기를 제거한다.
④ 황지단을 부쳐 자르고 도라지, 오이, 당근, 표고버섯, 고기 순으로 볶는다.
⑤ 꼬치에 재료를 색 맞춰 끼우고 꼬치의 양 끝을 1cm만 남기고 자른다.
⑥ 화양적 2꼬치를 담고, 잣가루를 얹어 낸다.

제출 전 Check
☑ 각 재료의 크기와 색
☑ 꼬치 양끝 자르기

본문 P.87

겨자채

본문 P.78

재료

- 양배추 50g
- 당근 50g
- 밤 2개
- 달걀 1개
- 흰설탕 20g
- 식초 10ml
- 겨자가루 6g
- 오이 1/3개
- 소고기 50g
- 배 1/8개
- 잣 5개
- 소금 5g
- 진간장 5ml
- 식용유 10ml

요구사항

❶ 채소, 편육, 황·백지단, 배는 0.3cm × 1cm × 4cm로 써시오.
❷ 밤은 모양대로 납작하게 써시오.
❸ 겨자는 발효시켜 매운맛이 나도록 하여 간을 맞춘 후 재료를 무쳐서 담고, 잣은 고명으로 올리시오.

미나리 강회

본문 P.81

재료

- 소고기 80g
- 미나리 30g
- 홍고추(생) 1개
- 달걀 2개
- 고추장 15g
- 식초 5ml
- 흰설탕 5g
- 소금 5g
- 식용유 10ml

요구사항

❶ 강회의 폭은 1.5cm, 길이는 5cm로 만드시오.
❷ 붉은 고추의 폭은 0.5cm, 길이는 4cm로 만드시오.
❸ 달걀은 황·백지단으로 사용하시오.
❹ 강회는 8개를 만들어 초고추장과 함께 제출하시오.

탕평채

본문 P.84

재료

- 청포묵 150g
- 숙주 20g
- 달걀 1개
- 대파 1토막
- 진간장 20ml
- 참기름 5ml
- 깨소금 5g
- 식용유 10ml
- 소고기 20g
- 미나리 10g
- 김 1/4장
- 마늘 2쪽
- 검은 후춧가루 1g
- 흰설탕 5g
- 식초 5ml
- 소금 5g

요구사항

❶ 청포묵은 0.4cm × 0.4cm × 6cm로 썰어 데쳐서 사용하시오.
❷ 모든 부재료의 길이는 4~5cm로 써시오.
❸ 소고기, 미나리, 거두절미한 숙주는 각각 조리하여 청포묵과 함께 초간장으로 무쳐 담아내시오.
❹ 황·백지단은 4cm 길이로 채 썰고, 김은 구워 부수어 고명으로 얹으시오.

화양적

본문 P.87

재료

- 소고기 50g
- 당근 50g
- 통도라지 1개
- 마늘 1쪽
- 진간장 5ml
- 흰설탕 5g
- 참기름 5ml
- 잣 10개
- 산적꼬치 2개
- 건표고버섯 1개
- 오이 1/2개
- 대파 1토막
- 달걀 2개
- 소금 5g
- 깨소금 5g
- 검은 후춧가루 2g
- 식용유 30ml

요구사항

❶ 화양적은 0.6cm × 6cm × 6cm로 만드시오.
❷ 달걀 노른자로 지단을 만들어 사용하시오(단, 달걀 흰자지단을 사용하는 경우 실격 처리).
❸ 화양적은 2꼬치를 만들고 잣가루를 고명으로 얹으시오.

지짐누름적

시험시간 **35분**

❶ 도라지와 당근은 껍질을 벗긴 후 0.6cm × 6cm × 1cm로 썰어 끓는 물에 소금을 넣어 데친 후, 찬물에 헹궈 물기를 제거한다.
❷ 소고기는 칼집을 넣어 0.4cm × 7cm × 1cm, 불린 표고버섯은 0.6cm × 6cm × 1cm로 썰어 양념하고, 쪽파는 6cm로 잘라 양념(소금, 참기름)한다.
* 양념: 간장 1/2작은술, 설탕 1/2작은술, 다진 파, 다진 마늘, 후추, 깨소금, 참기름
❸ 팬에 도라지 → 당근 → 표고버섯 → 소고기 순으로 볶아 놓는다.
❹ 산적꼬치에 식용유를 살짝 발라 재료를 색 맞추어 끼우고, 밀가루와 달걀물 순으로 묻혀 지진다.
❺ 살짝 식힌 후 꼬치를 돌려가며 빼고 담아낸다.

본문 P.90

제출 전 Check
☑ 꼬치 제거
☑ 각 재료의 크기와 색

잡채

시험시간 **35분**

❶ 숙주는 거두절미하여 끓는 물에 살짝 데친 후 찬물에 헹궈 소금과 참기름으로 밑간을 하고, 목이버섯은 따뜻한 물에 불려 작게 찢는다.
❷ 소고기와 불린 표고버섯은 0.3cm × 0.3cm × 6cm로 채 썰어 양념한다.
* 양념: 간장 1작은술, 설탕 1/2작은술, 다진 파, 다진 마늘, 후추, 깨소금, 참기름
❸ 껍질을 제거한 도라지, 돌려깎기한 오이와 당근은 0.3cm × 0.3cm × 6cm, 양파는 6cm로 채 썰어 각각 볶아 식혀 놓는다.
❹ 당면은 삶아 찬물에 헹군 후 물기를 제거하고, 가위로 자른다.
❺ 당면에 간장 2작은술, 설탕 1작은술, 참기름을 넣고 팬에 볶는다.
❻ 모든 재료를 깨소금, 참기름으로 버무려 담고 황·백지단을 얹어 낸다.

본문 P.93

제출 전 Check
☑ 각 재료의 고른 채
☑ 고명: 황·백지단

배추김치

시험시간 **35분**

❶ 절인 배추는 씻어 물기를 뺀다.
❷ 냄비에 찹쌀가루 2큰술, 물 1컵을 넣어 잘 풀어 저어가며 끓여 농도가 나면 식혀 준비한다.
❸ 무는 0.3cm × 0.3cm × 5cm로 채 썰어 고춧가루 1큰술을 넣어 버무려 고춧가루 물을 들인다.
❹ 마늘, 생강, 새우젓은 곱게 다지고, 갓, 미나리, 대파, 실파는 4cm 길이로 채 썬다.
❺ 양념장을 만들어 무채와 버무린다.
* 양념장: 찹쌀풀 2큰술, 고춧가루 1/4컵, 다진 새우젓 1큰술, 다진 마늘 1큰술, 다진 생강 1작은술, 소금 약간, 설탕 1/2큰술, 멸치액젓 1/2큰술

제출 전 Check
☑ 소가 채워진 정도
☑ 바깥잎으로 전체를 감싼 상태

❻ 채 썬 실파, 갓, 미나리, 대파를 넣고 버무려 소를 만든다.
❼ 소를 배춧잎 사이사이에 고르게 펴 바르면서 넣어 준다.
❽ 배추의 아랫부분을 조금 접어 바깥 겉잎으로 배추의 전체를 감싸 소가 빠지지 않도록 하여 꼭꼭 싸준다.
❾ 접시에 배추가 흐트러지지 않게 담아낸다.

본문 P.96

지짐누름적

재료

- 소고기 50g
- 통도라지 1개
- 대파 1토막
- 마늘 1쪽
- 밀가루(중력분) 20g
- 소금 5g
- 흰설탕 5g
- 깨소금 5g
- 산적꼬치 2개
- 건표고버섯 1개
- 당근 50g
- 쪽파 2뿌리
- 달걀 1개
- 식용유 30ml
- 진간장 10ml
- 검은 후춧가루 2g
- 참기름 5ml

요구사항

❶ 각 재료는 0.6cm × 6cm × 1cm로 하시오.
❷ 누름적의 수량은 2개를 제출하고, 꼬치는 빼서 제출하시오.

본문 P.90

잡채

재료

- 당면 20g
- 건표고버섯 1개
- 당근 50g
- 오이 1/3개
- 숙주 20g
- 대파 1토막
- 흰설탕 10g
- 식용유 50ml
- 검은 후춧가루 1g
- 소금 15g
- 소고기 30g
- 건목이버섯 2개
- 양파 1/3개
- 통도라지 1개
- 달걀 1개
- 마늘 2쪽
- 진간장 20ml
- 깨소금 5g
- 참기름 5ml

요구사항

❶ 소고기, 양파, 오이, 당근, 도라지, 표고버섯은 0.3cm × 0.3cm × 6cm로 썰어 사용하시오.
❷ 숙주는 데치고 목이버섯은 찢어서 사용하시오.
❸ 당면은 삶아서 유장처리하여 볶으시오.
❹ 황 · 백지단은 0.2cm × 0.2cm × 4cm로 썰어 고명으로 얹으시오.

본문 P.93

배추김치

재료

- 절인배추 1/4포기
- 실파 20g
- 미나리10g
- 새우젓 20g
- 대파 1토막
- 생강 10g
- 소금 10g
- 무 100g
- 갓 20g
- 찹쌀가루(건식가루) 10g
- 멸치액젓 10ml
- 마늘 2쪽
- 고춧가루 50g
- 흰설탕 10g

요구사항

❶ 배추는 씻어 물기를 빼시오.
❷ 찹쌀가루로 찹쌀풀을 쑤어 식혀 사용하시오.
❸ 무는 0.3cm × 0.3cm × 5cm 크기로 채 썰어 고춧가루로 버무려 색을 들이시오.
❹ 실파, 갓, 미나리, 대파(채썰기)는 4cm로 썰고, 마늘, 생강, 새우젓은 다져 사용하시오.
❺ 소의 재료를 양념하여 버무려 사용하시오.
❻ 소를 배춧잎 사이사이에 고르게 채워 반을 접어 바깥잎으로 전체를 싸서 담아내시오.

본문 P.96

칠절판

시험시간 40분

❶ 밀가루는 체에 내린 후 동량의 물과 소금 약간을 넣고 풀어서 밀전병 반죽을 만든다.

❷ 소고기는 얇게 채 썰어 양념하고, 황·백지단과 돌려깎기한 오이, 당근은 0.2cm × 0.2cm × 5cm로 채 썬 후 오이와 당근은 소금에 절인다.

＊양념: 간장 1작은술, 설탕 1/2작은술, 다진 파, 다진 마늘, 후추, 깨소금, 참기름

❸ 지름 8cm 크기의 둥글고 얇은 밀전병을 만들어 식힌다.

❹ 손질한 석이버섯은 곱게 채 썰어 소금, 참기름으로 양념하여 살짝 볶는다.

❺ 절여진 오이와 당근은 물기를 제거하여 팬에 볶은 후 소고기를 볶는다.

❻ 중앙에 밀전병을 담고 나머지 재료를 색이 겹치지 않도록 담아낸다.

제출 전 Check
- ☑ 채의 굵기
- ☑ 각 재료의 양
- ☑ 밀전병의 크기와 두께

본문 P.102

비빔밥

시험시간 50분

❶ 불린 쌀에 동량의 물을 넣어 밥을 고슬고슬하게 짓는다.

❷ 애호박은 돌려깎기하여 채 썰고, 도라지는 0.3cm × 0.3cm × 5cm로 채 썰어 쓴맛을 제거한다. 청포묵은 0.5cm × 0.5cm × 5cm로 채 썰어 데치고 찬물에 헹군 후 물기를 제거하여 소금, 참기름으로 무친다.

❸ 소고기의 일부는 채 썰고, 나머지는 다져서 각각 양념하며, 고사리는 딱딱한 줄기를 잘라내고 5cm로 잘라 양념한다.

＊양념: 간장 2작은술, 설탕 1작은술, 다진 파, 다진 마늘, 후추, 깨소금, 참기름

❹ ❷, ❸의 재료를 각각 볶는다.

❺ 다진 소고기에 참기름 2/3큰술을 넣어 볶다가 고추장 1큰술, 설탕 1/2큰술, 물 1큰술을 넣어 한 덩어리가 되도록 볶는다.

제출 전 Check
- ☑ 채의 굵기
- ☑ 약고추장의 농도
- ☑ 모든 재료와 다시마 고명

❻ 그릇에 편평하게 밥을 담고 그 위에 준비한 재료와 황·백지단 채를 색 맞추어 돌려 담는다.

❼ 중앙에 고추장 볶음과 튀긴 다시마를 얹어 낸다.

본문 P.105

칠절판

- 소고기 50g
- 오이 1/2개
- 석이버섯 5g
- 마늘 2쪽
- 진간장 20ml
- 참기름 10ml
- 깨소금 5g
- 소금 10g
- 달걀 1개
- 당근 50g
- 대파 1토막
- 밀가루(중력분) 50g
- 검은 후춧가루 1g
- 흰설탕 10g
- 식용유 30ml

요구사항

❶ 밀전병은 지름 8cm가 되도록 6개를 만드시오.
❷ 채소와 황·백지단, 소고기는 0.2cm × 0.2cm × 5cm로 써시오.
❸ 석이버섯은 곱게 채를 써시오.

본문 P.102

비빔밥

재료

- 쌀 150g
- 도라지 20g
- 청포묵 40g
- 건다시마 1장
- 마늘 2쪽
- 고추장 40g
- 진간장 15ml
- 깨소금 5g
- 검은 후춧가루 1g
- 애호박 60g
- 고사리 30g
- 소고기 30g
- 대파 1토막
- 달걀 1개
- 식용유 30ml
- 흰설탕 15g
- 소금 10g
- 참기름 5ml

요구사항

❶ 채소, 소고기, 황·백지단의 크기는 0.3cm × 0.3cm × 5cm로 써시오.
❷ 애호박은 돌려깎기하여 0.3cm × 0.3cm × 5cm로 써시오.
❸ 청포묵의 크기는 0.5cm × 0.5cm × 5cm로 써시오.
❹ 소고기는 고추장 볶음과 고명에 사용하시오.
❺ 담은 밥 위에 준비된 재료들을 색 맞추어 돌려 담으시오.
❻ 볶은 고추장은 완성된 밥 위에 얹어 내시오.

본문 P.105

memo

memo

memo

memo